Von denselben Autoren erschienen

Carl Djerassi

Prosa
Wie ich Coca-Cola schlug und andere Geschichten
Cantors Dilemma
Das Bourbaki Gambit
Marx, verschieden
Menachems Same
NO

Lyrik
The clock runs backward

Dramen
Unbefleckt
Oxygen (mit Roald Hoffmann)

Sachbücher
Steroids made it possible
Die Mutter der Pille
This Man's Pill: Sex, die Kunst und Unsterblichkeit

Wissenschaftliche Monographien
Optical Rotatory Dispersion: Applications to Organic Chemistry
Steroid Reactions: An Outline for Organic Chemists (Herausgeber)
Interpretation of Mass Spectra of Organic Compounds (mit H. Budzikiewicz und D. H. Williams)
Structure Elucidation of Natural Products by Mass Spectrometry (2 Bände mit H. Budzikiewicz und D. H. Williams)
Mass Spectrometry of Organic Compounds (mit H. Budzikiewicz und D. H. Williams)

Roald Hoffmann

Lyrik
The Metamict State
Gaps and Verges
Memory Effects

Drama
Oxygen (mit Carl Djerassi)

Sachbücher
Sein und Schein. Reflexionen über die Chemie (aus dem Englischen von Anna Schleitzer)
Chemistry Imagined (mit Vivian Torrence)
Old Wine, New Flasks: Reflections on Science and Jewish Traditions (mit Shira Leibowitz Schmidt)

Wissenschaftliche Monographien
The Conservation of Orbital Symmetry (mit R. B. Woodward)
Solids and Surfaces: A Chemist's View of Bonding in Extended Structures

Carl Djerassi / Roald Hoffmann

OXYGEN

Deutsch von Edwin Ortmann

Weinheim · New York · Chichester
Brisbane · Singapore · Toronto

Autoren
Carl Djerassi
Department of Chemistry
Stanford University
Stanford, CA 94305–5080
e-mail: djerassi@stanford.edu
url: http://www.djerassi.com

Roald Hoffmann
Department of Chemistry
Cornell University
Ithaca, NY 14553–1301
e-mail: rh34@cornell.edu

Englischsprachige Ausgabe
Djerassi, Hoffman: Oxygen
ISBN 3-527-30413-4

Übersetzer
Edwin Ortmann
Szene 6 von Sabine Hübner

Aufführungsrechte
Hartmann & Stauffacher Verlag,
Bismarckstr. 36, Köln

Die Deutsche Bibliothek –
CIP-Einheitsaufnahme
Ein Titeldatensatz für diese Publikation ist bei Der Deutschen Bibliothek erhältlich

Gedruckt auf säurefreiem Papier

Satz Typomedia, Ostfildern
Umschlaggestaltung Gunther Schulz

ISBN 978-3-527-30413-4

OXYGEN

von Carl Djerassi und Roald Hoffmann

Was ist eine wissenschaftliche Entdeckung? Warum ist es so wichtig, Erster zu sein? Das sind die Fragen, die die Personen in diesem Stück beschäftigen. »Oxygen« wechselt zwischen 1777 und 2001 – dem Jahr, in dem der Nobelpreis sein hundertjähriges Bestehen feiert und in dem die Nobelstiftung beschließt, einen »Retro-Nobel«-Preis ins Leben zu rufen, und zwar für jene großen Entdeckungen, die dem allerersten Nobelpreis im Jahr 1901 vorausgingen. Die Stiftung glaubt, dass dies einfach sei, da sich das eingesetzte Komitee mit einem Zeitraum beschäftigen wird, in dem Wissenschaft noch um der Wissenschaft willen betrieben wurde, mit einem Zeitraum auch, in dem Forschung und Entdeckung noch einfach und sauber waren – unbeeinträchtigt von dem Anspruch, Erster zu sein, von Kontroversen und von der Sucht nach Publicity ...

Das Chemiekomitee der Königlich-Schwedischen Akademie der Wissenschaften beschließt, sich mit der Entdeckung des Sauerstoffs auseinanderzusetzen, denn es war diese Entdeckung, die die Chemische Revolution einläutete. Doch wem soll der Preis zuerkannt werden? LAVOISIER bietet sich als Erster an, denn wenn es einen Markstein für den Beginn der modernen Chemie geben sollte, dann war es sein Verständnis – formuliert zwischen 1770 und 1780 – für die wahre Natur der Prozesse, die da heißen Verbrennen, Rosten und Atmen sowie für die Rolle, die der Sauerstoff in jedem dieser Prozesse spielt. Doch wie steht es mit SCHEELE? Wie mit PRIESTLEY? Waren nicht sie es, die den Sauerstoff als Erste entdeckten?

In der Tat war es so, dass ANTOINE LAVOISIER an einem Oktoberabend im Jahr 1774 erfuhr, dass der englisch-unitarische Geistliche JOSEPH PRIESTLEY ein neues Gas erzeugt hatte. Noch in der gleichen Woche erreichte ihn ein Brief des schwedischen Apothekers CARL WILHELM SCHEELE, in dem dieser dem französischen Wissenschaftler darlegte, wie man den Lebensspender Sauerstoff, dieses Schlüsselelement in LAVOISIERS neuer Theorie, erzeugen könnte. SCHEELE führte die entsprechenden Forschungsarbeiten bereits einige Jahre davor durch, doch blieben sie bis 1777 unveröffentlicht.

Nun gründen aber SCHEELE und PRIESTLEY ihre Entdeckung auf eine völlig falsche Theorie – die Phlogiston-Theorie, die LAVOISIER bald widerlegen sollte. Wie geht LAVOISIER mit den Entdeckungen PRIESTLEYS und SCHEELES um? Weiß er diese Entdecker und ihre Arbeit zu würdigen? Und – was ist Entdeckung überhaupt? Was ist, wenn jemand nicht voll und ganz versteht, was er entdeckt hat? Oder wenn er es der Welt nicht mitteilt?

In einer fiktiven Begegnung führt das Stück »Oxygen« die drei Protagonisten und ihre Ehefrauen in Stockholm zusammen – auf Einladung König Gustavs III (berühmt durch *Un ballo in maschera)*. Die Preisfrage: »Wer hat den Sauerstoff entdeckt?« Durch die Äußerungen der Frauen der drei Wissenschaftler, in einer Sauna und andernorts, erfahren wir einiges über ihr Leben und das ihrer Männer. Dabei ist MADAME LAVOISIER, eine bemerkenswerte Frau, von zentraler Bedeutung. Im sogenannten Urteil von Stockholm präsentieren die drei Sauerstoff-Entdecker noch einmal ihre entscheidenden chemischen Experimente.

Auf einem zweiten Schauplatz, in Stockholm zu Beginn des 21. Jahrhunderts, untersucht und diskutiert das Nobelkomitee die widersprüchlichen Standpunkte der drei Männer. Die Auseinandersetzungen der Komiteemitglieder verraten einiges über die Frage, ob sich Wissenschaft in den letzten beiden Jahrhunderten verändert hat oder nicht. Vorsitzende des Komitees ist ASTRID ROSENQVIST, eine schwedische Koryphäe auf dem Gebiet der theoretischen Chemie, während ULLA ZORN, eine junge Historikerin, dem Komitee als Sekretärin oder Protokollantin dient. Doch mit der Zeit verändert sich ihre Rolle.

Die ethischen Fragen im Zusammenhang mit dem Problem Wer-hat-was-zuerst-entdeckt bilden den Kern des Stückes und sind heute genauso aktuell wie 1777. Und wie es die Ironie von Revolutionen so will, entpuppt sich LAVOISIER, der chemische Revolutionär, als politisch Konservativer, der während des jakobinischen Terrors ums Leben kommt, während sich PRIESTLEY, der politisch Radikale, der wegen seiner Sympathien für die französische Revolution aus seiner englischen Heimat verjagt wird, als chemischer Konservativer herausstellt. Und SCHEELE? Er will nur eines: seine Apotheke im schwedischen Köping führen und sich in der Freizeit seinen chemischen Experimenten widmen. Lange Zeit war er es, der dafür, dass er als erster Sauerstoff im Labor erzeugte, am wenigsten gewürdigt wurde. Lässt sich dies, 230 Jahre nach seiner Entdeckung, wiedergutmachen?

DEUTSCHE ERSTAUFFÜHRUNG

am 23. September 2001 im Würzburger Stadttheater

Regie:	Isabella Gregor
Bühne, Licht:	Walter Vogelweider
Kostüme:	Barbara Noack
Musik:	Ingo Mertens und Alois Seidlmeier
Puppenbau:	Beate Hundertmark
Puppenspiel:	Thomas Mette
Video:	Heinz Wustinger
Madame Lavoisier	Alexandra Michaela Sydow
Lavoisier / Bengt Hjalmarsson	Knud Fehlauer
Mrs. Priestley / Astrid Rosenqvist	Constanze Weinig
Priestley / Ulf Svanholm	Boris Wagner
Fru Pohl / Ulla Zorn	Katharina Weithaler
Scheele / Sune Kallstenius	Stefan Kleinert
Dramaturgie:	Marlene Schäffer
Assistenz:	Katrin Aissen

HÖRSPIELPREMIERE

am 12. Dezember 2001 im 3. Programm des Westdeutschen Rundfunks
Regie: Heiner Bruehl

PERSONEN

Stockholm 1777

ANTOINE LAURENT LAVOISIER (34)
– französischer Chemiker, Steuerbeamter, Anwalt, Bankier, Entdecker des Sauerstoffs

MARIE ANNE PIERRETTE PAULZE LAVOISIER (19)
– seine Ehefrau

JOSEPH PRIESTLEY (44)
– englischer Geistlicher und Chemiker, Entdecker des Sauerstoffs

MARY PRIESTLEY (35)
– seine Ehefrau

CARL WILHELM SCHEELE (35)
– schwedischer Apotheker, Entdecker des Sauerstoffs

SARA MARGARETHA POHL (FRU POHL) (26)
– wurde Scheeles Ehefrau drei Tage vor seinem Tod

HEROLD DES KÖNIGS
– männliche Stimme aus dem Off

Stockholm 2001
zum 100jährigen Jubiläum des Nobelpreises

Prof. BENGT HJALMARSSON,
Mitglied des Chemie-Nobelpreis-Komitees der Königlich-Schwedischen Akademie der Wissenschaften – selber Schauspieler wie LAVOISIER

Prof. SUNE KALLSTENIUS,
Mitglied des Chemie-Nobelpreis-Komitees der Königlich-Schwedischen Akademie der Wissenschaften – selber Schauspieler wie SCHEELE

Prof. ASTRID ROSENQVIST,
Vorsitzende des Chemie-Nobelpreis-Komitees der Königlich-Schwedischen Akademie der Wissenschaften – selbe Schauspielerin wie MRS. PRIESTLEY

PROF. ULF SVANHOLM,
Mitglied des Chemie-Nobelpreis-Komitees der Königlich-Schwedischen Akademie der Wissenschaften – selber Schauspieler wie PRIESTLEY

ULLA ZORN,
Doktorandin in Geschichte und Sekretärin des Chemie-Nobelpreis-Komitees – selbe Schauspielerin wie FRU POHL

Eingehendere Beschreibung der Charaktere von 1777

ANTOINE LAURENT LAVOISIER, 34 Jahre alt. (Französischer Chemiker, Steuerbeamter, Wirtschaftsfachmann, der übrigens auch den Mesmerismus entlarvte.. Er war ein wohlhabender, ein selbstbewusster Mann – ganz gewiss war er es, der den Grundstein für jegliche systematische Chemie legte.)

MARIE ANNE PIERRETTE PAULZE LAVOISIER, 19 Jahre alt. (Vermögend geboren und vermögend verheiratet, wurde sie so erzogen, dass sie ihren Mann bei seinen wissenschaftlichen und gesellschaftlichen Bemühungen unterstützte. An ein und demselben Tag im Jahr 1794 verlor sie sowohl ihren Mann als auch ihren Vater – beide starben unter der Guillotine des jakobinischen Terrors. Sie brachte sich, freilich mit Mühe, wieder in den Besitz ihres Vermögens, veröffentlichte die wissenschaftlichen Arbeiten ihres Mannes und führte eine ziemlich unglückliche, aber auch sehr kurze Ehe mit dem Grafen von Rumford, dem amerikanisch-britisch-bayrischen Wissenschaftler und Abenteurer.)

JOSEPH PRIESTLEY, 44 Jahre alt. (Englischer Geistlicher, politischer Aktivist, Chemiker. Priestley war einer der Gründer der Unitarian Church of England – ein religiöser, aber auch politischer Dissident. Nachdem er an verschiedenen Dissenter-Schulen gelehrt hatte, trat er in die Dienste von Lord Shelburne. Seine radikalen politischen Ansichten führten schließlich dazu, dass eine aufgebrachte Menschenmenge sein Haus stürmte; Priestley flüchtete in die USA, wo er in Northumberland, PA, starb. Die Phlogiston-Theorie verteidigte er bis an sein Lebensende. Priestley entdeckte verschiedene Gase, darunter Sauerstoff, Lachgas und Kohlenmonoxyd; er perfektionierte einen Apparat, um Wasser mit Kohlensäure anzureichern.)

MARY PRIESTLEY, 35 Jahre alt. (Tochter des bekannten Eisenwarenhändlers John Wilkinson und Schwester eines der Studenten von Priestley, heiratete sie den jungen Geistlichen im Jahr 1762 und nahm eifrig an seinem akademischen und religiösen Leben teil. Mary Priestley soll wunderbare Briefe geschrieben haben, doch ist keiner von ihnen erhalten geblieben – sie verbrannten, als der aufgebrachte Mob Priestleys Labor und Haus in Birmingham in Schutt und Asche legte. Im Jahr 1794 ließ sich das Paar mit seinen Kindern, unterstützt von Benjamin Franklin, in Amerika nieder.)

CARL WILHELM SCHEELE, 35 Jahre alt. (Schwedischer Apotheker, stammte aus einer deutschen Familie im damals schwedischen Stralsund in Pommern. Er wurde schon früh zum Apotheker ausgebildet, ein Beruf, den er sein ganzes Leben lang ausübte. Er war ein passionierter und geschickter Experimentator und entdeckte nicht nur den Sauerstoff, sondern auch Chlor, Mangan, Fluorwasserstoffsäure, Oxalsäure, Zitronensäure sowie zahlreiche organische Moleküle. Auch erfand Scheele einen hervorragenden grünen, arsenhaltigen Farbanstrich, der möglicherweise zu Napoleons Ableben beigetragen hat. Scheeles Herzenswunsch war es, Besitzer einer eigenen Apotheke zu sein, ein Wunsch, der gegen Ende seines Lebens, in der schwedischen Provinzstadt Köping, in Erfüllung ging.)

SARA MARGARETHA POHL (FRU POHL), 26 Jahre alt. (Sie wurde Frau Scheele drei Tage vor Scheeles Tod. Davor war sie mit dem deutschen Apotheker Hindrich Pascher Pohl verheiratet, dem Vater ihres einzigen Kindes (das mit 14 starb). Die Apotheke in Köping wurde schließlich an Scheele verkauft, und Fru Pohl wurde seine Haushälterin. Nach Scheeles Ableben schickte seine Witwe einige Dokumente an die Königlich-Schwedische Akademie der Wissenschaften, darunter Scheeles Entwurf des Briefes an Lavoisier. Frau Scheele schrieb, sie habe für ihren Mann ein so bedeutendes Begräbnis besorgt, wie es Köping noch nie erlebt hatte. Danach heiratete sie einen dritten deutschen Apotheker.)

Technische Daten

Das Bühnenbild kann sparsam gehalten werden (Bank im Schwitzraum der Sauna; Konferenztisch; Tisch für die Laborversuche). Alle audiovisuellen Materialien, die von den Autoren zur Verfügung gestellt werden, sollten auf eine große Leinwand projiziert werden, am besten durch Projektion von hinten. Um rasche Kostümwechsel zwischen 1777 und 2001 zu ermöglichen, können die Kostüme für 1777 charakteristisch und zugleich einfach ausfallen (z. B. durch die Verwendung von Perücken, langen Mänteln mit leicht zu befestigenden Halskrausen für die Männer; durch Schnallenschuhe, Perücken, Morgenhauben, Schals, Kopftücher, lange Kleider usw. für die Frauen).

1777

SZENE 1

(Sauna in Stockholm, Schweden, 1777. Die drei Frauen sitzen im Schwitzraum auf einer Bank, ihre Körper in Badetücher oder Badelaken gehüllt – MRS. PRIESTLEY *äußerst sittsam,* MME. LAVOISIER *äußerst freizügig. Jede von ihnen trägt eine andere Morgenhaube im typischen Stil des 18. Jahrhunderts, um ihr Haar oder ihre Perücke zu bedecken)*

MME. LAVOISIER

(Träumerisch)

Ich bin noch nie zuvor geschlagen worden ... nicht so, meine ich. Können wir das noch mal tun?

MRS. PRIESTLEY

Madame! In England wird die Rute zur Züchtigung benutzt.

FRU POHL

Bei uns in Schweden dient die Rute der Gesundheit. Sie treibt das Blut an die Oberfläche. Blutegel sind nichts dagegen.

MRS. PRIESTLEY

(Der ein Handtuch von der Schulter gleitet, das sie rasch wieder hochzieht)

Die Unzüchtigkeit der Sauna beunruhigt mich.

MME. LAVOISIER

Madame Priestley ... wir sind bloß Frauen *(Beiseite)* Wenn freilich Männer da wären ...

MRS. PRIESTLEY

Oh, Sie sind jung, Madame!

MME. LAVOISIER

Neunzehn!

FRU POHL

Ich war zwanzig, als ich heiratete.

MRS. PRIESTLEY

Ich auch.

(Zu FRU POHL*)*

Wie viele Kinder haben Sie?

FRU POHL

Einen kleinen Sohn. Und Sie?

MRS. PRIESTLEY

Drei Söhne und eine Tochter.

(Zu MME. LAVOISIER*)*

Und Sie, Madame Lavoisier?

MME. LAVOISIER

Keine.

MRS. PRIESTLEY

Oh! Dann haben Sie erst jüngst geheiratet?

MME. LAVOISIER

Vor sechs Jahren.

FRU POHL

Und keine Kinder?

MRS. PRIESTLEY

Mein erstes Kind kam zur Welt, als ich gerade zehn Monate verheiratet war –

MME. LAVOISIER

Wir in Frankreich sagen: *chacun à son goût.*

MRS. PRIESTLEY

Eine Frage des Geschmacks, meinen Sie? Ich empfand es als meine eheliche Pflicht.

(Leicht sarkastisch)

Aber ich war natürlich auch schon zwanzig ...

MME. LAVOISIER

Vielleicht reifen Frauen in Frankreich rascher ... vor allem wenn sie in Klosterschulen erzogen werden.

MRS. PRIESTLEY

Sie besuchten eine Klosterschule?

MME. LAVOISIER

Nicht um Nonne zu werden. Und als meine Mutter starb, verließ ich das Kloster, um meinem Vater das Haus zu führen. Ich war zwölf. *(Pause)* Ich habe sogar Chemie studiert ... »Arsenbutter« ... »Bleizucker« ... »Zinkblumen« ... Was für wunderbare Wörter, dachte ich: erst die Chemie in der Küche ... dann die Chemie im Garten ...

MRS. PRIESTLEY

Für so etwas kann sich auch nur ein Kind mit zwölf begeistern.

MME. LAVOISIER

Mit dreizehn entzog ich mich den Zudringlichkeiten eines Grafen – der erheblich älter war als mein Vater – indem ich Monsieur Lavoisier ehelichte. *(Stolz)* Er ist in der Steuerbehörde für die Krone tätig. Und er steht der Diskontbank vor ...

MRS. PRIESTLEY

Ein Steuerbeamter? Ein Bankier?

MME. LAVOISIER

(Amüsiert)

Und Anwalt – schon mit einundzwanzig.

FRU POHL

Aber Ihr Gatte wurde doch nach Schweden eingeladen wegen seiner chemischen Entdeckungen?

MME. LAVOISIER

Das Gleiche gilt für Madame Priestleys Gatten.

(Etwas heuchlerisch, zu MRS. PRIESTLEY*)*

Er ist Geistlicher, nicht wahr?

MRS. PRIESTLEY

Ein Gottesmann. Die Leute nennen ihn »Doktor Priestley«.

(Plötzlich agitiert)

Wenn Sie einen Gottesmann heiraten, dann ernten Sie größere Reichtümer als nur Geld. Doch unsere unitarischen Vorstellungen stehen im Widerspruch zur Kirche von England. Wir dürfen kein Staatsamt bekleiden, und man erlaubt unseren Männern nicht nach Oxford oder Cambridge zu gehen. *(Zügelt sich)* Verzeihen Sie ... ich habe mich gehen lassen.

MME. LAVOISIER

Als ich meinem Gatten von der Chemie erzählte, die ich im Kloster erlernte, sagte er mir etwas sehr Nützliches. »Was Wissenschaft produziert, ist Wissen.

Was Wissenschaftler produzieren, ist Ansehen.«
(Pause) Ansehen ist wichtig für ihn ... und als ich ihn ehelichte, wurde es auch für mich wichtig. *(Pause)* Vor allem als er mich bat, ihm bei seinen Bemühungen zu assistieren.

FRU POHL

Er bat Sie darum ... im Alter von dreizehn?

MME. LAVOISIER

Bien sûr ... Chemie wollte studiert sein. Kunst übrigens auch. Ich habe Unterricht bei Jacques-Louis David genommen ... alles, um meinem Gatten zu helfen.

(Nachdenklich)

Jeden Tag machte ich im Labor eine Liste von den Experimenten, die durchzuführen waren. Antoine rief mir die Zahlen zu, ich notierte sie. Ich zeichnete die Bildtafeln für seine Bücher ... Ich fertigte die Radierungen an ... Ich korrigierte sie.

MRS. PRIESTLEY

(Plötzlich mit Mitgefühl)

Und deshalb haben Sie keine Kinder?

MME. LAVOISIER

(Ignoriert die Frage)

Latein wollte gelernt sein und natürlich auch Englisch. Ich war es, Madame Priestley, die Dr. Priestleys *Experimente mit verschiedenen Arten von Gasen ...* und seine Schriften über das Phlogiston übersetzte –

MRS. PRIESTLEY

(Fällt ihr ins Wort)

Das Prinzip des Feuers – durch das sich alle Chemie erklärt.

MME. LAVOISIER

Das meint Ihr Gatte.

MRS. PRIESTLEY

Was wollen Sie damit sagen?

MME. LAVOISIER

Dass wir nicht überzeugt sind ...

MRS. PRIESTLEY

Wir?

MME. LAVOISIER

Dass mein Mann nicht überzeugt ist ... also ich auch nicht.

FRU POHL

Herr Scheele ist überzeugt. Das sagt er in seinem Buch ...

MME. LAVOISIER

(Äußerst neugierig)

In was für einem Buch denn?

FRU POHL

Dem einzigen, das er geschrieben hat. Über die Chemie von Luft und Feuer.

MME. LAVOISIER

Mein Mann hat es nie erwähnt.

FRU POHL

Es wird demnächst erscheinen ... vielleicht noch während Sie hier in Stockholm sind.

MME. LAVOISIER

(Erleichtert)

Also ein ganz neues Werk Ihres Gatten?

FRU POHL

Apotheker Scheele ist nicht mein Gatte ...

MRS. PRIESTLEY

Ich dachte, Pohl sei Ihr Vatersname ...

FRU POHL

Herr Pohl war Apotheker. Und Vater meines Sohnes. Aber er ist tot.

MRS. PRIESTLEY

(Unfähig, ihre Neugier zu zügeln)

Und Herr Scheele? Ein Verwandter vielleicht?

FRU POHL

Er übernahm die Apotheke meines Mannes ... in Köping ... dreißig Meilen westlich von hier. Wo ich ihm den Haushalt führe.

MME. LAVOISIER

Sie assistieren Monsieur Scheele?

FRU POHL

Nicht im Labor.

MME. LAVOISIER

Und doch kennen Sie sein neues Buch?

FRU POHL

Als Carl Wilhelm *(Verbessert sich)* ich meine Apotheker Scheele ... vor zwei Jahren in unsere kleine Stadt kam, erzählte er meinem Vater und mir von seinen Versuchen mit Gasen. Er war so begeistert.

MME. LAVOISIER

(Verblüfft)

Und wann hat er diese Versuche durchgeführt?

FRU POHL

Ach, sicher einige Jahre zuvor. Das steht alles in dem Buch ...

MME. LAVOISIER

Kennt irgendjemand den Inhalt?

FRU POHL

Ihr Gatte. *(Pause)* Schickte Herr Scheele vor drei Jahren nicht einen Brief nach Paris, in dem er sein Experiment mit Feuerluft beschrieb?

MME. LAVOISIER

Ich weiß von keiner Korrespondenz zwischen den beiden.

FRU POHL

Ich muss gestehen, dass sich Herr Scheele wunderte, weshalb sich Ihr Mann niemals bei ihm bedankte ...

MME. LAVOISIER

(Gereizt)

Dazu bestand nicht der geringste Anlass!

MRS. PRIESTLEY

(Besänftigend)

Meine Damen ... wir sollten uns vielleicht etwas abkühlen.

FRU POHL

Sie haben Recht. Kommen Sie.

(Erhebt sich, reicht MME. LAVOISIER *die eine Hand, während sie mit der anderen nach der Birkenrute greift, die* MRS. PRIESTLEY *in ihrer Hand hält)*

Sie haben genug geschwitzt. Madame Priestleys Rute wartet auf Sie.

ENDE SZENE I

INTERMEZZO 1

Unmittelbar nach Szene 1

(Bühne sehr dunkel, im linken Vordergrund Spotlight auf MME. LAVOISIERS *Gesicht)*

MME. LAVOISIER

(Imitiert FRU POHLS *Sprechweise und Tonfall)*

»Und keine Kinder?«

(Im Normalton wieder)

Was nimmt sich diese Fru Pohl heraus? ... Nicht einmal verheiratet ist sie mit ihrem Apotheker!

(Pause)

Ich half Antoine im Labor ... und im Salon. Doch wenn er darüber räsonierte, wie wir atmen ... wie Schwefel brennt ... oder wie man ein besseres Schießpulver erzeugen könnte ... dann unterhielt er sich mit Männern: mit Monsieur Monge ... mit Monsieur Laplace ... mit Monsieur Turgot. *(Pause)* Aber nicht mit mir.

(Pause)

Und doch half ich Antoine ... auf unterschiedlichste Weise ... Nur weiß er nichts davon. Und wird auch nie etwas erfahren.

(Pause)

Doch bei Mme. Priestley muss ich auf der Hut sein ... und, wie ich sehe, auch bei Mme. Pohl. Wir sind nicht nach Stockholm gekommen, um Fehler zu machen. Also ... reden wir ... wie Frauenzimmer eben so reden.

Über unsere Ehemänner natürlich. Wie <u>gut</u> sie sind. Wie wir ihnen helfen.

(Pause)

Und tragen die Maske der Frau ... mit dem Gesicht unseres Gatten darauf ... höflich lächelnd.

(Pause)
Doch werden die Männer auch dann noch lächeln, wenn ihre Entdeckungen in Zweifel gezogen werden?
(Pause)
Werden wir?
(Holt sich aus ihrem Tagtraum zurück, wieder voller Energie)
Sie weiß von dem Brief, unsere Mme. Pohl. *(Pause)*
Leider.

BLACKOUT

SZENE 2

(Konferenzraum in der Königlich-Schwedischen Akademie der Wissenschaften, Stockholm, Sommer 2001. Beleuchtung auf zwei Mitglieder des Nobelkomitees für Chemie, die Professoren BENGT HJALMARSSON *und* SUNE KALLSTENIUS, *die im linken Bühnenvordergrund die Köpfe zusammenstecken, sich leise unterhalten. Später gesellt sich das dritte Komiteemitglied,* ULF SVANHOLM, *zu ihnen)*

SUNE KALLSTENIUS

Ein Retro-Nobel? Es muss doch bessere Möglichkeiten geben, dieses hundertjährige Nobelpreisjubiläum zu feiern, als noch einen Nobelpreis für die Zeit vor 1901 zu schaffen ...

BENGT HJALMARSSON

Und keiner, der ihn entgegennimmt. *(Pause)* Aber was sonst?

SUNE KALLSTENIUS

Irgendwie gefällt mir die Vorstellung, Tote auszuzeichnen – mal was anderes.

BENGT HJALMARSSON

Trotzdem – eine Heidenarbeit ...

SUNE KALLSTENIUS

Sie beklagen sich doch immer über die viele Zeit, die Sie das Nobelkomitee kostet.

BENGT HJALMARSSON

Weil ich offenbar nur noch dazu komme, anderer Leute Abhandlungen zu lesen.

SUNE KALLSTENIUS

Wie sonst sollen wir zu einer Kandidatenliste kommen?

BENGT HJALMARSSON

Und meine eigene Arbeit?

SUNE KALLSTENIUS

Ich sage Ihnen: Die meisten Schweden wären stolz, dieses Opfer bringen zu dürfen.

BENGT HJALMARSSON

Ich habe es aber satt! Kein Wunder, dass jetzt kein schwedischer Chemiker den Preis bekommt.

SUNE KALLSTENIUS

Und was ist mit Tiselius?

BENGT HJALMARSSON

(Abschätzig)

Das ist über 50 Jahre her!

SUNE KALLSTENIUS

Und Bergström? Und Samuelsson?

BENGT HJALMARSSON

Das war Medizin. Und sie haben sich den Preis geteilt.

SUNE KALLSTENIUS

Dann treten Sie doch zurück.

BENGT HJALMARSSON

(Grinsend)

Ich – zurücktreten? Ich liebe die Macht ... und den Klatsch.

SUNE KALLSTENIUS

Jetzt haben Sie doppelte Macht: Sie können reguläre Preisträger auswählen und Retro-Nobelisten. Erst die Lebenden ... und nun die Toten.

BENGT HJALMARSSON

Nur dass Tote sich nicht erkenntlich zeigen.

SUNE KALLSTENIUS

Wenn das einer mitbekommt, Bengt ...

BENGT HJALMARSSON

Ich bin bloß ehrlich.

SUNE KALLSTENIUS

Ehrlichkeit hat ihren Platz ... aber nicht hier.

*(*ULF SVANHOLM *kommt herein, bekommt diesen Satz mit)*

ULF SVANHOLM

Ich bin überrascht, das gerade von dir zu hören.

SUNE KALLSTENIUS

(Scharf)

Was du nicht sagst!

BENGT HJALMARSSON

(Nachdenklich)

Astrid als Vorsitzende eines Nobelkomitees –

ULF SVANHOLM

»Frau Vorsitzende« wäre ihr lieber.

BENGT HJALMARSSON

Wir hatten bisher noch nie eine Frau ...

ULF SVANHOLM

Sie verdient es; eine verdammt gute Theoretikerin ...

SUNE KALLSTENIUS

Gute Theoretiker, schlechte Vorsitzende – das ist meine Erfahrung.

BENGT HJALMARSSON

Von Astrid würde ich das nicht sagen. Außerdem – sie weiß sich durchzusetzen.

ULF SVANHOLM

Woher wissen Sie das?

BENGT HJALMARSSON

Glauben Sie mir. Ich weiß es.

ULF SVANHOLM

Jetzt dämmert's mir! Sie beide ... da war doch mal was ...

BENGT HJALMARSSON

Vor achtzehn Jahren. *(Pause)* Da kommt sie schon ... mit dieser geheimnisvollen Ulla Zorn.

(Beleuchtung auf rechten Bühnenvordergrund: Professor ASTRID ROSENQVIST, *Komiteevorsitzende, und* ULLA ZORN *treten auf: Sie nähern sich, unterhalten sich, beinahe flüsternd)*

ULLA ZORN

Du hast ihnen noch nichts über mich erzählt, oder?

ASTRID ROSENQVIST

Noch nicht, Ulla.

ULLA ZORN

Die fragen sich sicher ...

ASTRID ROSENQVIST

Ganz sicher. Eine Sekretärin für ein Nobelkomitee ist gewöhnlich älter.

ULLA ZORN

Und sollte eigentlich Chemikerin sein?

ASTRID ROSENQVIST

Deshalb nennen wir dich *amanuensis*.

ULLA ZORN

Sollen wir ihnen nicht sagen, was ich tue? Es ist kein Geheimnis ...

ASTRID ROSENQVIST

Alles zu seiner Zeit ... vertrau mir. *(Pause)* Sieh an, die Männer sind schon da.

(Wirft einen Blick auf ihre Uhr, nähert sich den Männern, wendet sich an BENGT HJALMARSSON*)*

Sie sind früh dran –

BENGT HJALMARSSON

Nein, nur pünktlich ... wie alle Schweden. Ihre Uhr geht falsch.

ASTRID ROSENQVIST

(Lächelnd, aber spitz)

Sie haben sich auch nicht verändert, Bengt. Immer das letzte Wort.

(Zu den anderen)

Also ... an die Arbeit!

(Die Komiteemitglieder begeben sich an den Konferenztisch, während sich ULLA ZORN, *mit ihrem Laptop vor sich, etwas abseits setzt. Große Namensschilder auf dem Tisch könnten für die Zuschauer hilfreich sein)*

SUNE KALLSTENIUS

(Zu ASTRID ROSENQVIST*)*

Eine Verfahrensfrage: Wieso sind wir nur zu viert? Es waren immer mindestens fünf Mitglieder. Ungerade besetzte Komitees kennen kein Patt.

ULF SVANHOLM

Hör auf, Sune ... mit deiner ewigen Quengelei.

ASTRID ROSENQVIST

Die Zahl Fünf hat keineswegs etwas Magisches. Es gibt keine Präzedenz für das, was wir hier tun sollen ...

BENGT HJALMARSSON

Das können Sie laut sagen: 19. Jahrhundert oder noch früher!

SUNE KALLSTENIUS

Zumindest haben wir weniger Amerikaner. Eigentlich nur einen: Willard Gibbs. Was wäre die Chemie ohne Thermodynamik ...?

ULF SVANHOLM

Für das ... den allerersten Retro-Nobel? Und schon wieder ein Amerikaner? *(Pause)* Nein, die Wahl ist eindeutig.

(Langsam und eindringlich)

Dimitrij ... Iwanowitsch ... Mendelejew. Können Sie sich Chemie ohne Periodisches System vorstellen? Unser ein und alles.

BENGT HJALMARSSON

Was ist mit Louis Pasteur?

(Langsam und salbungsvoll)

»Die Preise sollen an jene verliehen werden, die der Menschheit den größten Nutzen gebracht haben.«

(Im Normalton wieder)

So steht es in Alfred Nobels Testament. *(Pause)* Wenn Sie jemanden von der Straße fragen: »Wer hat der Menschheit den größten Nutzen gebracht: Gibbs? Mendelejew? Oder Pasteur?« Er wird Ihnen antworten: »Gibbs? Kenn ich nicht! Mendelejew? Wie buchstabiert man den?« Doch Pasteur kennt jeder.

ULF SVANHOLM

Wir sind aber nicht von der Straße!

(Bemerkt plötzlich ULLA ZORN, *die heftig auf ihren Laptop eintippt)*

Moment mal!

(Zeigt auf ZORN*)*
Ist dies offizieller Bestandteil unserer Sitzung?

ASTRID ROSENQVIST
Alles für das Protokoll.

ULF SVANHOLM
Aber warum denn das?

ASTRID ROSENQVIST
Bei unserem regulären Nobel erbitten wir jedes Jahr Tausende von Vorschlägen aus aller Welt ...

BENGT HJALMARSSON
Die meisten sind zum Glück zu faul, um zu antworten.

ULF SVANHOLM
Aber warum der Computer?

ASTRID ROSENQVIST
Weil wir nicht bloß die übliche Empfehlung an die Akademie vorbereiten, wer den Preis erhalten soll ... sondern auch den Kreis der Kandidaten erarbeiten. Wir brauchen ein Protokoll ... um zu belegen, dass alles seine Ordnung hat.

BENGT HJALMARSSON
Ich bin immer noch perplex, dass wir beides tun sollen.

ASTRID ROSENQVIST
Die Bekanntmachung dieses Retro-Nobel soll eine Überraschung sein. Das geht nur dann, wenn wir keine Kandidatenvorschläge einholen.
(Klopft auf den Tisch)
Wir haben also Gibbs, Mendelejew, Pasteur ... *(Pause)* Welche Namen möchten Sie noch in den Topf werfen?

ULF SVANHOLM
Warum keinen Schweden als Erstkandidaten? Bei den regulären Nobelpreisen hat sich die Akademie bis 1903 Zeit gelassen – erst dann hat sie Arrhenius ausgezeichnet.

ASTRID ROSENQVIST
Schwede sein allein genügt nicht. Die Person muss den Preis auch verdienen.

BENGT HJALMARSSON

Was ist mit Carl Wilhelm Scheele ... für die Entdeckung des Sauerstoffs –

ULF SVANHOLM

Im 18. Jahrhundert anfangen?

SUNE KALLSTENIUS

(Zeigt auf ULF*, zynisch)*

Er will wahrscheinlich Paracelsus auszeichnen!

ASTRID ROSENQVIST

Kein Retro für Alchimisten.

BENGT HJALMARSSON

Das 18. Jahrhundert ist keine schlechte Idee. Die Leute haben weniger publiziert ... und wir müssen weniger lesen.

ULF SVANHOLM

Aber wenn wir Scheele wählen, was ist dann mit Lavoisier?

SUNE KALLSTENIUS

Oder mit Joseph Priestley?

BENGT HJALMARSSON

Schon wieder das alte Nobelpreisgezänk! Zu viele Kandidaten.

ULF SVANHOLM

Und wie steht es mit John Dalton, dem Vater der Atomtheorie?

SUNE KALLSTENIUS

Das ist nicht logisch. Zuerst musste der Sauerstoff entdeckt ... seine Rolle in der Chemie begriffen werden! Vielleicht für den zweiten oder dritten Retro-Nobel ...

ASTRID ROSENQVIST

Sune hat Recht: Die chemische Revolution wäre ohne die Entdeckung des Sauerstoffs undenkbar gewesen.

ULF SVANHOLM

Auch wenn ein Franzose oder Engländer den Preis bekommt?

SUNE KALLSTENIUS

Was heißt hier – bekommt? Den Preis teilt meinst du wohl?

ASTRID ROSENQVIST

Das zu bestimmen, ist Sache unseres Komitees ...

BENGT HJALMARSSON

Und da es keine lebenden Zeitgenossen gibt, müssen wir auch nicht die Meinung von Experten einholen.

ULF SVANHOLM

Vielleicht müssen wir Historiker hinzuziehen.
(ULLA ZORN blickt auf)
War nur ein Scherz.

ASTRID ROSENQVIST

Haben Sie was gegen Historiker?

SUNE KALLSTENIUS

Wissenschaftler werden immer dann Historiker, wenn sie in der Wissenschaft nichts mehr zu melden haben.

ASTRID ROSENQVIST

Ich meine Berufshistoriker.

BENGT HJALMARSSON

Was können die schon über Wissenschaft sagen? *(Pause)*. Da erfährt man ja im Internet mehr.

ASTRID ROSENQVIST

(Blickt zu ULLA ZORN hinüber, beschließt jedoch, ihre Verteidigung von Historikern nicht weiterzuverfolgen)
Ich frage mich, ob sich Scheele, Lavoisier und Priestley jemals irgendwo begegnet sind.

ULLA ZORN

Äußerst unwahrscheinlich.

BENGT HJALMARSSON

Und warum, wenn ich fragen darf?

ULLA ZORN

Weil es keine historischen Belege gibt.

BENGT HJALMARSSON

Woher wollen Sie das wissen?

ASTRID ROSENQVIST

(Unterbindet rasch jede weitere Fragerei)
Stellen Sie sich die königlichen Wettbewerbe von damals vor ... Vielleicht sind sie sich bei einer Art Vorläufer unserer heutigen Nobelpreisveranstaltungen begegnet? Und weshalb nicht in Stockholm? Wir hatten damals einen König, Gustav III., der war Feuer und Flamme für Wissenschaften und Künste.

ULF SVANHOLM

(Scherzhaft)
Träumen Sie ruhig weiter! Und in welcher Sprache hätten sich die drei denn miteinander unterhalten sollen?

ASTRID ROSENQVIST

(Ebenso scherzhaft)
Wen kümmert schon Sprache in Träumen?

SUNE KALLSTENIUS

Herrn Prof. Dr. Sigmund Freud.

ULF SVANHOLM

Vielleicht hat er deshalb nie den Nobelpreis bekommen.

SUNE KALLSTENIUS

Ulf sorgt sich immer am meisten darum, wer den Preis nicht bekommen hat.

ASTRID ROSENQVIST

Sune, Ulf! Es ist Zeit, das Kriegsbeil zu begraben. *(Pause)* Doch waren diese Wissenschaftler von damals genauso ehrgeizig wie ihre Kollegen von heute? Ich frage mich, wer uns dazu etwas sagen könnte?

ULF SVANHOLM

Die Zeitgenossen: andere Wissenschaftler von damals.

ULLA ZORN

Oder ihre Ehefrauen.

SUNE KALLSTENIUS

Was haben Sie gesagt?

ULLA ZORN

Ehefrauen. *(Pause)* Die meisten Männer damals hatten Ehefrauen. Warum finden Sie nicht heraus, was sie zu sagen hatten?

ENDE SZENE 2

INTERMEZZO 2

Unmittelbar nach Szene 2

(Beleuchtung auf BENGT HJALMARSSON *und* ULF SVANHOLM, *die ihre Köpfe zusammenstecken, sich fast flüsternd unterhalten)*

BENGT HJALMARSSON

»Das Kriegsbeil begraben.« Was meinte Astrid damit?

ULF SVANHOLM

Sie wissen das nicht? Sune wird es natürlich abstreiten.

BENGT HJALMARSSON

(Ungeduldig)

Was abstreiten?

ULF SVANHOLM

Sie erinnern sich an die Arbeit der Stanford-Gruppe über neue Katalysatoren für oxygenierte Polymere?

BENGT HJALMARSSON

Hatten Sie nicht ein paar ganz ähnliche Katalysatoren in petto?

ULF SVANHOLM

Genau die gleichen. Nur dass die amerikanische Abhandlung einige Monate früher herauskam ... und damit haben sie die Gibbs-Medaille gewonnen ... dank unseres *(äußerst sarkastisch)* verehrten Kollegen Professor Kallstenius! Ich wette, dass er deshalb Willard Gibbs für den Retro-Nobel vorgeschlagen hat ... ein hübscher kleiner Seitenhieb.

BENGT HJALMARSSON

Da komme ich nicht mit.

ULF SVANHOLM

Als ich unsere Arbeit zusammengefasst und an die Zeitschrift geschickt hatte, sollte Sune sie begutachten.

BENGT HJALMARSSON

Und?

ULF SVANHOLM

Er nahm sich damit zwei Monate Zeit.

BENGT HJALMARSSON

Das ist doch normal. Wissen Sie, wie viele Artikel ich zu begutachten habe?

ULF SVANHOLM

Ich vergeudete ein weiteres halbes Jahr damit, ein paar blöde Spektren zu messen, die er verlangte. In der Zwischenzeit hat er seine Stanford-Freunde in Kalifornien umfassend informiert.

BENGT HJALMARSSON

(Plötzlich ernst) Sind Sie sicher?

ULF SVANHOLM

Wer sonst hätte es ihnen erzählen sollen? Sie kennen sich ... bestens sogar!

BENGT HJALMARSSON

In der Forschung ... kommt es immer wieder zu Simultanentdeckungen.

ULF SVANHOLM

Das brauchen Sie mir nicht zu sagen!

BENGT HJALMARSSON

Beruhigen Sie sich, Ulf! Kann man nicht davon ausgehen, dass die Stanford-Leute die Sache selbst herausgefunden haben?

ULF SVANHOLM

Unsinn!

BENGT HJALMARSSON

Das ist eine fixe Idee von Ihnen. Lassen Sie's gut sein.

ULF SVANHOLM

Fixe Idee? Wir liegen doch ständig in einem Rennen, bei dem nur eines zählt – Erster zu sein. Wenn du Zweiter bist, kannst du auch Letzter sein. Es gibt nur eine Goldmedaille – in diesem Fall die Gibbs-Medaille – kein Silber, nichts in Bronze.

BENGT HJALMARSSON

Ich würde Sune nicht beschuldigen. Er ist zu ehrlich ... Sie brauchen ihm bloß ins Gesicht zu sehen.

ULF SVANHOLM

Ich glaube, Sie stehen auf seiner Seite. Wir tragen doch alle Masken.

BENGT HJALMARSSON

Und was verbirgt Ihre Maske?

ULF SVANHOLM

Raten Sie mal.

BLACKOUT

SZENE 3

(Stockholm, 1777, am gleichen Tag wie Szene 1, einige Stunden später. Kahler Raum, den die drei Paare, eines nach dem anderen, betreten – sie kommen von rechts vorne, rechts hinten bzw. links hinten)

*(*SPOTLIGHT *auf* MME. LAVOISIER *und* LAVOISIER. *Sie flüstern.)*

MME. LAVOISIER
Seien Sie auf der Hut!

LAVOISIER
Wovor denn?

MME. LAVOISIER
Etwas ... liegt in der Luft.

LAVOISIER
Ein ... Experiment?

MME. LAVOISIER
Es geht um ein Buch.

LAVOISIER
Von Priestley?

MME. LAVOISIER
Nein ... von Scheele.

LAVOISIER
Scheele?

MME. LAVOISIER
Ja, Scheele.

LAVOISIER
Er ist ein guter Chemiker.

MME. LAVOISIER
Und achtsam.

LAVOISIER
Ich traue ihm.

*(*SPOTLIGHT *auf* MRS. PRIESTLEY *und* PRIESTLEY. *Sie flüstern.)*

MRS. PRIESTLEY

Nimm dich in acht!

PRIESTLEY

Wovor denn?

MRS. PRIESTLEY

Ein Experiment.

PRIESTLEY

Meines ist fertig!

MRS. PRIESTLEY

Vielleicht hat es jemand vor dir geschafft.

PRIESTLEY

Wer?

MRS. PRIESTLEY

Scheele.

PRIESTLEY

Was kann er haben?

MRS. PRIESTLEY

Etwas aus der Vergangenheit.

PRIESTLEY

Er braucht etwas Neues.

MRS. PRIESTLEY

Er fragt sich ...

PRIESTLEY

Ich traue ihm.

(SPOTLIGHT *auf* FRU POHL und SCHEELE. Sie flüstern.)

FRU POHL

Ich habe es ihr gesagt.

SCHEELE

Und?

FRU POHL

Sie hat alles geleugnet.

SCHEELE

Er hat ihr den Brief vorenthalten.

FRU POHL

Das bezweifle ich.

SCHEELE

Warum?

FRU POHL

Sie führt ihm die Korrespondenz.

SCHEELE

Das wusste ich nicht!

FRU POHL

Sie war äußerst neugierig.

SCHEELE

Und?

FRU POHL

Sie wird es ihrem Mann erzählen.

SCHEELE

Ich traue ihm nicht.

(Stockholm, 1777, einige Stunden später)

SCHEELE

Wie freundlich von Ihnen, Monsieur Lavoisier, die weite Reise auf sich zu nehmen. Ich selbst habe Schweden niemals verlassen.

LAVOISIER

Die Einladung kam von Seiner Majestät persönlich. Aber –

SCHEELE

Aber, Monsieur?

LAVOISIER

Die Wissbegierde Seiner Majestät in wissenschaftlichen Fragen ist uns allen bekannt ...

SCHEELE

In der Tat ...

LAVOISIER

Erstreckt sie sich auch auf die Chemie der Gase?

SCHEELE

Vielleicht.

LAVOISIER

(Sarkastisch)
Und verbindet sich mit dem persönlichen Wunsch, dass ein jeder von uns, wie die Einladung besagt, in aller Öffentlichkeit ... »seinen Anspruch auf die Entdeckung der Feuerluft verifiziere«?

SCHEELE

Dem mag so sein.

LAVOISIER

Man schlägt einem König keine Bitte ab. Aber –

SCHEELE

Aber, Monsieur?

LAVOISIER

Wer steckt dahinter? Wer hat das Ohr des Königs?

SCHEELE

Torbern Bergman. *Primus inter pares* aller schwedischen Wissenschaftler ... und –

LAVOISIER

... Ihr hervorragendster Gönner?

SCHEELE

Sicher kein Fehler, oder?

LAVOISIER

Wir haben alle unsere Gönner ... und *(tut, als bekreuzige er sich)* beten täglich zu Gott, auf dass sie lange leben und uns weiterhin unterstützen mögen.

SCHEELE

Was verwundert Sie dann?

LAVOISIER

Der geniale Bergman hat alle chemische Materie in organisch und anorganisch unterteilt ...

SCHEELE

Nur einer seiner vielen Geniestreiche.

LAVOISIER

Professor Bergman hat sich indes niemals mit Gasen befasst. Warum hat er dann unser Treffen arrangiert? Um die schwedische Flagge über allen anderen zu hissen?

SCHEELE

Weil er wissen möchte, wen von uns dreien Gottes Gnade als ersten erwählt hat –

LAVOISIER

(Ironisch)

Sie wissen es nicht?

SCHEELE

Ich weiß es. Aber –

LAVOISIER

Aber, Monsieur?

SCHEELE

Aber wissen Sie es? *(Pause)*

(Auftritt PRIESTLEY)

Oder Dr. Priestley?

LAVOISIER

Ah, Monsieur. Sie kommen wie gerufen.

(Wendet sich direkt an PRIESTLEY)

Diese königliche Einladung fordert von jedem von uns, wie Sie sicherlich wissen, ein konkretes Experiment ...

PRIESTLEY

In der Tat, so ist es.

SCHEELE

Das, so Seine Majestät, von jemand anderem ausgeführt werden soll.

PRIESTLEY

Aber warum?

SCHEELE

Um die Behauptung eines jeden von uns unter Beweis zu stellen.

PRIESTLEY

Behauptung? Muss, was Faktum ist, denn noch behauptet werden?

SCHEELE

Erst wenn ein anderer das Experiment erfolgreich wiederholt, wird die Behauptung zum Faktum.

PRIESTLEY

Das ist richtig. Doch zieht der König oder *(Pause)* ziehen Sie meine Experimente etwa in Zweifel?

SCHEELE

Nein, mein lieber Doktor. Aber die Welt braucht Beweise.

PRIESTLEY

Die soll sie haben. Bis morgen dann!

LAVOISIER

(Hält ihn zurück)

Un moment! Madame Lavoisier und ich haben den Wunsch, Sie und Ihre Damen ... und selbstverständlich auch Seine Majestät den König ... ein wenig zu zerstreuen ... und so haben wir zu Ihrer Erbauung und *(Pause)* vielleicht auch zu Ihrer Aufklärung ... ein Stück verfasst. Würden Sie uns gestatten, heute Abend ein Maskenspiel über das Phlogiston und seinen Feind zur Aufführung zu bringen?

PRIESTLEY

Ah, was für eine seltsame Art Sie in Frankreich haben, wissenschaftliche Argumente zu präsentieren!

LAVOISIER

Seine Majestät, Gustav III, liebt Masken!

SCHEELE

Vielleicht etwas zu sehr ... wie manche sagen.

ENDE SZENE 3

SZENE 4

(Stockholm, 2001: Königlich-Schwedische Akademie der Wissenschaften, eine Woche später. Die Komiteemitglieder am Konferenztisch, ULLA ZORN mit ihrem Computer an einem separaten kleinen Tisch)

ASTRID ROSENQVIST
Zunächst zur Entdeckung selbst: Niemand bezweifelt, dass Sauerstoff dem Wohl der Menschheit dient, oder?

BENGT HJALMARSSON
Sauerstoff hat dem Menschen schon genutzt, bevor er »entdeckt« wurde!

ULF SVANHOLM
Aber in vielen Fällen muss Sauerstoff, um überhaupt nützlich zu sein, erstmal isoliert werden. Nehmen Sie den Emphysemkranken in seinem Sauerstoffzelt ... den Everestbesteiger mit seinen Sauerstoffflaschen ... den Astronauten in seinem Raumanzug.

SUNE KALLSTENIUS
Wir haben uns den Sauerstoff nicht ausgesucht, weil er irgendwelchen Bergsteigern, Astronauten oder Kranken hilft.

ULF SVANHOLM
Immer die gleiche verdrießliche Leier ... die Verachtung des abgehobenen Akademikers für das Nützliche ...

ASTRID ROSENQVIST
So kommen wir nicht weiter. Also – wer von Ihnen wäre bereit, fürs Protokoll in einigen schlichten Sätzen zu erläutern, warum es ohne die Entdeckung des Sauerstoffs keine Chemische Revolution gegeben hätte ... keine Chemie, so wie wir sie heute kennen?

BENGT HJALMARSSON
Ich will's versuchen. Also – noch vor Antoine Lavoisier ...

SUNE KALLSTENIUS
Sie meinen: vor der Entdeckung des Sauerstoffs –

BENGT HJALMARSSON

Für mich ist das dasselbe.

SUNE KALLSTENIUS

Für mich nicht.

BENGT HJALMARSSON

Wie auch immer ... Vor der Chemischen Revolution war man überzeugt, dass, wenn Dinge brennen, etwas freigesetzt wird – das sogenannte Phlogiston ...

(Zu ULLA ZORN*)*

Buchstabieren?

ULLA ZORN

(Rasch, abweisend, ohne von ihrer Tipperei aufzublicken)

Peter ... Heinrich ... Ludwig ... Otto ... Gustav ... Ida ... Siegfried ... Theodor ... Otto ... Nordpol.

BENGT HJALMARSSON

(Sarkastisch)

Sehr gut! Insbesondere Nordpol!

ASTRID ROSENQVIST

Moment mal, Bengt. Die meisten Leute heutzutage ... sogar viele Chemiker ... haben keinen blassen Schimmer, was dieses Phlogiston sein könnte. Sie können es nicht einmal buchstabieren. Bitte ... erklären Sie das ... und fassen Sie sich kurz.

BENGT HJALMARSSON

»Phlogiston: Die Essenz des Feuers.« Kurz genug?

ASTRID ROSENQVIST

Etwas zu kurz.

BENGT HJALMARSSON

Es ist wirklich schwierig, Sie zufrieden zu stellen. Aber wieso geben wir uns hier überhaupt mit einer veralteten Theorie ab?

ASTRID ROSENQVIST

Weil Priestley, Scheele und die meisten anderen Chemiker des 18. Jahrhunderts keine Dummköpfe waren. Sie glaubten an dieses Phlogiston bis an ihr Lebensende.

SUNE KALLSTENIUS

Was ja auch ... auf seine Weise ... Sinn macht. Sie dachten, dass, wenn etwas verbrennt, etwas anderes ... eben dieses wundersame Phlogiston ... den brennenden Gegenstand verlässt und in die Luft entweicht.

ASTRID ROSENQVIST

Für sie alle stand das Phlogiston für die sogenannte »Große Einheitstheorie« der Chemie ihrer Zeit.

BENGT HJALMARSSON

(Sarkastisch)

Natürlich ... es erklärte einfach alles. Nur dass diese angeblich so schlüssige Theorie plötzlich platzte wie eine Seifenblase ... durch Lavoisiers revolutionäre Erkenntnis ... dass während des Verbrennungsprozesses ... etwas der Luft entnommen wird. Und dieses »Etwas« ist Sauerstoff!

ULF SVANHOLM

Man könnte doch sagen, dass die Sprache der Chemie damals ein einziges Kauderwelsch war und ihre Grammatik von Grund auf falsch. Wir sollten lieber zur Wahl des Preisträgers kommen. Preise werden an Personen, nicht an Entdeckungen verliehen.

ASTRID ROSENQVIST

An Personen, sicherlich. Doch diese Personen müssen erstmal etwas entdeckt, etwas begriffen haben. *(Pause)* Ich schlage vor, dass jeder von Ihnen einen der Kandidaten übernimmt, das heißt, sich auf die Suche nach dem Material begibt, das den Kandidaten für den Preis prädestinieren könnte. Wer spricht fließend Französisch?

BENGT HJALMARSSON

Il n'y a pas de doute que c'est moi! Schließlich habe ich nicht zwei Jahre am Pasteur-Institut verbracht, um dort nur Schwedisch zu palavern.

ASTRID ROSENQVIST

(Geht über die Bemerkung hinweg)

Wer spricht noch Französisch?

SUNE KALLSTENIUS

Ich bin eher für Griechisch oder Latein zuständig. Oder für Deutsch ...

ASTRID ROSENQVIST

(Zu SVANHOLM*)*

Und Sie?

ULF SVANHOLM

(Abweisend)

Comme ci, comme ça ... Schulfranzösisch.

SUNE KALLSTENIUS

Hört sich auch so an.

ASTRID ROSENQVIST

Fast alle Lavoisier-Archive befinden sich in Frankreich, das Material ist auf Französisch. Lavoisier ist Ihr Mann, Bengt.

(Wendet sich an KALLSTENIUS*)*

Sie wissen, dass Scheele meistens auf Deutsch schrieb ... und in einem absonderlichen Latein? Ich schlage vor, Sie übernehmen Scheele ...

(Wendet sich an SVANHOLM*)*

Bleibt für Sie Priestley. Ist das in Ordnung?

ULF SVANHOLM

Habe ich eine Wahl?

ASTRID ROSENQVIST

Ich biete Ihnen einen Kandidaten. Doch wenn Sie nicht glücklich damit sind, übernehmen Sie mit Sune zusammen zwei.

ULF SVANHOLM

Nein, danke. Ich nehme Priestley.

ASTRID ROSENQVIST

Sie können sich natürlich auch duellieren.

SUNE KALLSTENIUS

Nur wenn ich die Waffe wählen darf.

BENGT HJALMARSSON

Das reicht jetzt.

(Wirft einen Blick auf seine Uhr, erhebt sich)

Ist das alles für heute?

ASTRID ROSENQVIST

Es gibt da einen Punkt, der es absolut nötig macht, dass Sie sich in die Originalliteratur vertiefen.

SUNE KALLSTENIUS

Und der wäre?

ASTRID ROSENQVIST

Ich meine Scheeles Brief an Lavoisier ... in dem er seine eigenen Experimente mit Sauerstoff, den er *Feuerluft* nennt, erläutert ... Hat Lavoisier diesen Brief bekommen, und wenn ja – wann?

ULF SVANHOLM

Womit wir wieder einmal bei der alten Frage gelandet wären: Wer war Erster? Das übliche Nobel-Syndrom: Wer tat was zuerst?

ASTRID ROSENQVIST

Und wusste derjenige, der es zuerst tat, auch wirklich, was er tat?

ULF SVANHOLM

Wieso soll das wichtig sein?

ASTRID ROSENQVIST

Ich bin Theoretikerin. Für mich ist es unerlässlich zu verstehen, was man entdeckt. Vielleicht ist das für Sie nicht ganz so wichtig. *(Pause)* Sie sind Praktiker ... Sie machen sich die Hände schmutzig –

ULF SVANHOLM

Das tun jetzt meine Studenten für mich.

BENGT HJALMARSSON

Wir suchen also nach Schmutz?

ULF SVANHOLM

Ich frage mich, welche Art von Schmutz wir finden werden ... den aus ehrlicher Arbeit oder den von der anderen Sorte?

SZENE 4

BENGT HJALMARSSON

Und wo sollen wir suchen?

ULLA ZORN

(Blickt von ihrem PC auf)

Bei den Ehefrauen. *(Pause)* Da würde ich suchen.

ULF SVANHOLM

(Verwirrt)

Bei den Ehefrauen?

ULLA ZORN

Die kehren doch immer den Schmutz zusammen, oder?

ENDE SZENE 4

INTERMEZZO 3

Unmittelbar nach Szene 4
(Links im Bühnenvordergrund)

ULF SVANHOLM
Was halten Sie jetzt von ihr?

BENGT HJALMARSSON
Von Astrid?

ULF SVANHOLM
Nein, von dieser Ulla Zorn.

BENGT HJALMARSSON
Stille Wasser sind tief ... aber so still war sie auch wieder nicht.

ULF SVANHOLM
Astrids »*amanuensis*«.

BENGT HJALMARSSON
(Geringschätzig)
Sie hat sich aufgespielt. Auch nur ein besseres Wort für Sekretärin.

ULF SVANHOLM
Außer dass sie die Ehefrauen erwähnte ... hat sie kaum etwas gesagt.

BENGT HJALMARSSON
Gerade das macht mich argwöhnisch.

ULF SVANHOLM
Gegen diese Zorn?

BENGT HJALMARSSON
Gegen Astrid. Uns diese Zorn unterzujubeln ... sie führt irgendetwas im Schilde. Ich rieche das!

ULF SVANHOLM
Sie reden unentwegt über Astrid ... was halten Sie denn von diesem Retro-Nobel?

BENGT HJALMARSSON
Zu früh, um etwas darüber zu sagen. Und Sie?

ULF SVANHOLM

Sich die Geschichte unserer Disziplin noch einmal vor Augen zu führen, ist erfrischend.

BENGT HJALMARSSON

Ich glaube, Sie werden alt.

ULF SVANHOLM

Was hat das mit Alter zu tun?

BENGT HJALMARSSON

In der Wissenschaft leben nur die Alten in der Vergangenheit.

ULF SVANHOLM

Und was ist mit Ihnen?

BENGT HJALMARSSON

Ich bin an meiner Zukunft interessiert ... deshalb muss ich jetzt ins Labor.
Also ... bis zur nächsten Sitzung.
(Ab)

(Auftritt der Frauen von rechts hinten)

ULLA ZORN

Ich kann nicht einfach so dasitzen ... du mußt es ihnen sagen.

ASTRID ROSENQVIST

Beim nächsten Mal. Zufrieden?

ULLA ZORN

Na gut. *(Pause)* Darf ich dich etwas fragen?

ASTRID ROSENQVIST

Nur zu.

ULLA ZORN

Was hältst du von dieser Sache hier?

ASTRID ROSENQVIST

Du meinst den Komiteevorsitz?

ULLA ZORN

In dieser Position zu sein.

ASTRID ROSENQVIST

Wärst du nicht auch gern Richter und Jury zugleich?

Die Begierde nach Auszeichnung dafür, Erster zu sein, ist die Berufskrankheit von Wissenschaftlern. Wir tun das, weiß Gott, nicht wegen des Geldes. Und wenn wir Abhandlungen schreiben, sollen wir uns wie »Gentlemen« betragen ...

(Beide lachen)

... nur darauf aus, unser Wissen zu erweitern. Doch Nobel-Komitees sind etwas Besonderes: Wir vergeben das beste Schulterklopfen, das Wissenschaft zu bieten hat –

ULLA ZORN

Ohne dass du es selbst haben willst?

ASTRID ROSENQVIST

Das habe ich nicht gesagt.

ULLA ZORN

Ich hoffe, du nimmst mir die Frage nicht übel: Wie steht es bei dir mit dem Nobelpreis?

ASTRID ROSENQVIST

Keine schwedische Frau hat bislang den Preis in irgendeiner wissenschaftlichen Disziplin bekommen. Aber eine wird kommen.

ULLA ZORN

Bist du nicht die erste Frau überhaupt, die einem Nobelkomitee vorsteht?

ASTRID ROSENQVIST

Ja.

ULLA ZORN

Wie wichtig ist das für dich ... Erste zu sein?

ASTRID ROSENQVIST

Ein Verhör?

ULLA ZORN

Tut mir leid. Ich wollte nur wissen, welchen Preis du bereit bist zu bezahlen – für deinen Erfolg als Wissenschaftlerin ... und als Frau.

ASTRID ROSENQVIST

Ich habe keine Kinder. Für viele wäre das ein hoher Preis.

ULLA ZORN

Wie für Madame Lavoisier? *(Pause)* Ist das Komitee dein Kind?

ASTRID ROSENQVIST

Also, wie ein Baby benimmt es sich gewiss nicht ... aber es ist eine Herausforderung. Ein streitsüchtiges Komitee mit einer schwierigen Aufgabe: den ersten Retro-Nobelpreisträger für Chemie vorzuschlagen. Wenn wir mit einer überzeugenden Wahl herauskommen, dürfte die Akademie ...

ULLA ZORN

... feierlich zustimmen – ohne Wenn und Aber.

ASTRID ROSENQVIST

(Lacht)

Das sind deine Worte ... nicht meine. Doch um zu überzeugen, müssen wir uns einig sein ... annähernd zumindest. Das muss ich bewerkstelligen. Keine einfache Aufgabe ... vielleicht hast du einiges von den Spannungen mitbekommen.

ULLA ZORN

Allerdings. *(Pause)*

ASTRID ROSENQVIST

Ulf und Sune sind nicht sonderlich feinfühlig.

ULLA ZORN

Ich dachte eher an dich und Bengt.

BLACKOUT

SZENE 5

Stockholm, 1777.

*(*SCHEELE *begegnet* MME. LAVOISIER*)*

MME. LAVOISIER

Ah ... Monsieur Scheele! Haben Sie meinen Gatten gesehen? Das Maskenspiel für heute Abend bedarf noch einiger Vorbereitung.

SCHEELE

Nein, habe ich nicht. Aber, Madame ...

MME. LAVOISIER

Ja?

SCHEELE

Wie ich höre, erledigen Sie für Ihren Mann die Korrespondenz?

MME. LAVOISIER

Von wem haben Sie das erfahren?

SCHEELE

Fru Pohl hat es mir erzählt.

MME. LAVOISIER

Sie erzählt Ihnen alles?

SCHEELE

Sie ist eine aufrichtige Frau. Sie teilt das Gute mit mir ... und das Schlechte.

MME. LAVOISIER

Wie eine Ehefrau.

SCHEELE

Oder ein guter Freund. Aber, Madame, da Sie schon alles lesen, was Ihr Mann an Briefen erhält ...

MME. LAVOISIER

Ich gebe mir Mühe.

SCHEELE

Eine Frage denn.

MME. LAVOISIER

Ja?

SCHEELE

Sara Margaretha erwähnte Ihnen gegenüber den Brief, den ich vor drei Jahren abschickte ...

MME. LAVOISIER

(Ruft hastig, während sie ins Off zeigt)

Oh ... da geht Antoine. Ich muss ihn erwischen.

*(*BELEUCHTUNG DÄMPFEN,
dann auf FRU POHL *und* LAVOISIER*)*

FRU POHL

Monsieur Lavoisier! Was für ein Glück, dass ich Sie treffe ...

LAVOISIER

Madame müssen mich entschuldigen, doch ich muss mich für das abendliche Maskenspiel vorbereiten.

FRU POHL

Für eine einzige einfache Frage haben Sie doch sicher Zeit?

LAVOISIER

Die Fragen einer Dame sind selten einfach.

FRU POHL

Und wenn ich mich kurz fasse?

LAVOISIER

Noch schlimmer: Kurze Fragen sind niemals einfach.

FRU POHL

Monsieur ... ich bin nicht klug mit Worten.

LAVOISIER

Doch entwaffnend beharrlich. Ihre Frage denn – diese eine Frage?

FRU POHL

Gestern ... in der Sauna –

LAVOISIER

(Rasch)

Ein erstaunlicher nordischer Brauch ... den meine Gattin äußerst anregend findet.

FRU POHL

Es war meine Idee, die Damen einzuladen.

LAVOISIER

Nacktheit kann entwaffnend sein.

FRU POHL

Madame Lavoisier fühlte sich überhaupt nicht entwaffnet.

LAVOISIER

Weil, um entwaffnet zu werden ... man erstmal bewaffnet sein muss.

FRU POHL

Das war Ihre Frau.

LAVOISIER

Madame Pohl, Sie sind eine gute Beobachterin.

FRU POHL

Frauen vom Land müssen das sein.

LAVOISIER

Touché, Madame. Aber Ihre Frage ... Ihre einfache, kurze Frage?

FRU POHL

Warum?

LAVOISIER

(Verdutzt)

Ist das Ihre Frage?

FRU POHL

Ja.

LAVOISIER

In der Tat sehr kurz ... aber einfach? Warum was?

FRU POHL

Warum haben Sie die Einladung unseres Königs angenommen?

LAVOISIER

(Mustert sie lange)

Sie sind eine kluge Frau, Madame Pohl.

(Im Abgehen)

SZENE 5

(BELEUCHTUNG DÄMPFEN, *dann wieder* HELL *und auf* PRIESTLEY *und* MME. LAVOISIER)

PRIESTLEY
Es ist viel geschehen, seit wir uns zuletzt in Paris sahen ...

MME. LAVOISIER
Drei Jahre sind eine lange Zeit ...

PRIESTLEY
Nur die Jugend kann so denken ...

MME. LAVOISIER
Ach. Und Sie, Monsieur, verfügen über die Weisheit des Alters?

PRIESTLEY
Ich würde es Urteilsvermögen nennen.

MME. LAVOISIER
Vielleicht reifen Frauen in Frankreich rascher ...

PRIESTLEY
Eine Einschätzung, die Sie bereits meiner Frau mitteilten ...

MME. LAVOISIER
Sie hat Ihnen von unserem Treffen erzählt?

PRIESTLEY
Meine Frau verbirgt nichts vor mir.

MME. LAVOISIER
(Sotto voce)
Das zeugt von schlechtem Urteilsvermögen.

PRIESTLEY
Warum?

MME. LAVOISIER
Manche Dinge sollten verborgen bleiben ... sogar in der Sauna.

PRIESTLEY
Eine Meinung ... oder ein weiteres Urteil?

MME. LAVOISIER
Lediglich eine Anmerkung. Sie tut nichts zur Sache.

(Pause) Sie scheinen verärgert, Monsieur ... Ich hoffe, nicht ich bin die Ursache.

PRIESTLEY

Vor drei Jahren ...

MME. LAVOISIER

Waren Sie bei uns zu Tisch ... zufrieden und aufgeschlossen.

PRIESTLEY

Sie übersetzten ...

MME. LAVOISIER

Ich tat mein Bestes ... Sie schienen dankbar.

PRIESTLEY

Das war ich damals.

MME. LAVOISIER

Und heute?

PRIESTLEY

Ich bin mir nicht sicher, ob Sie alles übermittelten ...

MME. LAVOISIER

Vielleicht sind meine Englischkenntnisse unzureichend ...

PRIESTLEY

Madames Englisch ist ausgezeichnet.

MME. LAVOISIER

Ich weiß das Kompliment zu schätzen. *(Pause)* Natürlich ist ein Übersetzer auch ein Filter, eine Art Sieb ...

PRIESTLEY

Dessen Wirksamkeit von seinem Netz abhängt.

MME. LAVOISIER

So ist es, in der Tat ... und meines ist fein gesponnen.

PRIESTLEY

Ich spreche vom Filtern von Informationen ... nicht von Unsauberkeiten.

MME. LAVOISIER

Aber ich doch auch, Monsieur.

ENDE SZENE 5

SZENE 6

(Ein kahler Raum ohne Einrichtung, bis auf einen Theatervorhang. DR. und MRS. PRIESTLEY, SCHEELE und FRU POHL sitzen mit dem Rücken zum Publikum. Man sieht angedeutet eine königliche Loge, in der jemand sitzt. M. und MME. LAVOISIER treten ein)

LAVOISIER und MME. LAVOISIER
(Tiefe Verbeugung, Knicks)
Eure Majestäten!

LAVOISIER
Dr. und Mrs. Priestley!

MME. LAVOISIER
Apotheker Scheele, Madame Pohl ...

LAVOISIER
Willkommen!

MME. LAVOISIER
Da wir um Eure Liebe zu Bühne und Oper wissen, Majestät ...

LAVOISIER
Möchten wir Euch in Eurem herrlichen Hoftheater zu Drottningholm ...

MME. LAVOISIER
In der höfischen Tradition unseres Königs, Louis XVI, ...

LAVOISIER
Eine kleine Aufführung, ein Maskenspiel präsentieren. Es handelt vom ...

MME. LAVOISIER
Sieg der Lebensluft ...

LAVOISIER
Über das Phlogiston!

(Es ertönt majestätische Musik von Lully, Rameau, Mozart vielleicht auch von dem schwedischen Komponisten Johan Helmich Roman. SCHEELE und PRIESTLEY bewegen sich unbehaglich. Die beiden Lavoisiers setzen eine Maske auf und teilen dann die Vorhänge,

woraufhin die Musik, da nun das Maskenspiel beginnt, leiser oder zu einer rezitativartigen Cembalobegleitung werden sollte)

LAVOISIER *(der das* PHLOGISTON *spielt)*

(derbe, grelle Komik ist durchaus erlaubt, dazu pompöse Musik. Er deklamiert vorzugsweise in der Art eines Rezitativs)

Als Lebensfeuer die Chemie mich kennt,
Befreie jedes andere Element.
Den griechischen Philosophen blieb geheim
Wie ich auf Wasser, Erde, Luft wirk ein.
Wenn ich, das große Phlogiston, nicht wär,
Wär lichtlos diese Welt, rudimentär.
Nur ich allein kann Elemente binden
In alles sie verwandeln, was wir finden:
Die edlen Salze und Metalle, andere Erden
Durch mich zu ihrem wahren Wert erhoben werden!

*(*PRIESTLEY *und Frau, sowie* SCHEELE *und Frau nicken zustimmend, mimen Applaus)*

MME. LAVOISIER *(die das* OXYGEN *spielt)*

Monsieur, wo nehmt ihr die Gewissheit her,
Woraus die Welt besteht? Erzählt mir mehr!
Ich hör euch da von Erden phantasieren,
Zeigt mir, wie diese Elemente reagieren!

LAVOISIER

Recht gern! Zunächst das Feuer nenn ich euch.
Wenn etwas brennt, ich in die Luft entfleuch.
Nehmt Kohle, Fett – voll Phlogiston, mein Wort!
Und wenn ihr Brand erlischt, dann bin ich fort.

MME. LAVOISIER

So ist dies euer End'?

LAVOISIER

Nein, seid ganz Ohr!
Nicht in der Luft alleine komm ich vor,
Exempel nenn ich euch noch mancherlei:
Wenn reines Eisen rostet, werd ich frei!

MME. LAVOISIER

Wie wundervoll! Erzählt mir mehr geschwind!

LAVOISIER

Ich bin's, der aus dem Erz Metall gewinnt,
Ein Vorgang, der zutiefst verblüffend ist,
Man findet mich in Kohle, wie Ihr wisst,
Und aus ihr löset mich das Erz heraus!

MME. LAVOISIER

Welch wunderbare Theorie – Applaus!
Doch sie entspricht nicht mehr dem heut'gen Stand!
Luft ist uns in verschiedener Form bekannt:
Entzündlich manchmal, doch gebunden auch.
Salpetrig und als reiner Lebenshauch.
Auch gilt das Wasser nicht mehr wie bisher
Als Element, sondern besteht aus mehr.
Dies wird durch meinen Mann *demnächst bekannt!*

*(*PRIESTLEY *wird an diesem Punkt sehr aufgeregt.)*

LAVOISIER

Eine Enthüllung! Da bin ich gespannt.

MME. LAVOISIER

Sehr viel bewirkt, wie bald mein Mann beweist,
Die Lebensluft, die Oxygène er heißt.
Ihr prahlt, dass Phlogiston zu Rost und Feuer führt,
Doch wenn nun dies Verdienst der Lebensluft gebührt?
Vielleicht führt sie *zu Rost, nährt* sie *die Flammen?*
Mit Eisen oder Kohlenstoff zusammen!
Ihr glaubt, dass das Metall Euch braucht. Wozu?
Kohle raubt Erz das Oxygène im Nu!
Ein weiterer Punkt klingt leider falsch und hohl:
Eure Idee vom Rost. Ihr wisst doch wohl:
Verrostetes Metall wiegt mehr – doch Ihr
Behauptet strikt, nichts Neues gäb' es hier!

LAVOISIER

(verlegen)
Vielleicht ... (Pause) ... ist es ja so um Phlogiston bestellt,

Dass es nichts wiegt. Ob er dann Recht behält?
(Er tanzt zaghaft mit einem riesigen Ballon und beginnt zu schweben)

MME. LAVOISIER

Ihr schwatzt so dumm daher, dass ich's kaum fasse!
So etwas gibt's nicht – negative Masse!
Revolution wie die gab es noch nie:
Geburt des Oxygènes in der Chemie!
Das Phlogiston ist überholt, Vergangenheit,
Es passt nicht mehr in unsere neue Zeit!

(Die PRIESTLEYS, SCHEELE *und* FRU POHL *werden zum Ende der Szene hin immer aufgeregter)*

Fünf Elemente sagt Ihr, soll'n es sein:
Zwei Erden, Wasser, Feuer, Luft – o nein!
Außer dem Oxygène gibt's viele mehr,
Nur manche davon kennen wir bisher.
Den Rest werden uns künft'ge Forscher schenken
Und unseres Schaffens voll Respekt gedenken.
Alles hat sein spezifisches Gewicht
Masse summiert sich und verschwindet nicht.
Für chemische Reaktionen gilt partout:
Nichts geht verloren, und nichts kommt hinzu
Neue Chemie – Dich grüßen wir erfreut!
Und danken unseren hohen Gönnern heut:
Louis, Gustav und King George, in deren Glanz
Wir hier versammelt sind zum Totentanz
Für das besiegte, eitle Phlogiston.
Die Lebensluft trug den Triumph davon!

(Phlogiston und Lebensluft ringen zur verklingenden Musik miteinander. MME LAVOISIER *sticht mit einer Hutnadel in den Ballon, der daraufhin zerplatzt. Die* PRIESTLEYS, SCHEELE *und* FRU POHL *stoßen ihre Stühle um und stürzen von der Bühne)*

*(*LAVOISIER *und* MME. LAVOISIER *lassen ihre Masken zu Boden fallen)*

SZENE 6

LAVOISIER

Das fanden sie nicht sehr ergötzlich! Vielleicht sind wir zu weit gegangen.

MME. LAVOISIER

Immerhin haben wir die Saat des Zweifels gesät ...

LAVOISIER

Ich fürchte es.

ENDE SZENE 6

SZENE 7

(Stockholm, 2001; Königlich-Schwedische Akademie der Wissenschaften, zwei Wochen nach Szene 4)

ASTRID ROSENQVIST

Fangen wir bei unserem Schweden an. Sune, was haben Sie über Scheele herausgefunden?

SUNE KALLSTENIUS

Etwas ziemlich Interessantes ... einen Brief von seinem Bruder in Berlin. »Du bist, ganz ohne Schmeichelei, einer der besten deutschen Chemiker, aber kein Schwede, wie Priestley und andere dich nennen.« Na, was sagen Sie dazu?

ASTRID ROSENQVIST

Sollen wir die Geschichte der schwedischen Chemie neu schreiben?

SUNE KALLSTENIUS

Nein ... nur neu lesen – durch die politische Brille des 18. Jahrhunderts. Scheele wurde zwar in Stralsund geboren, doch die Stadt war damals nicht deutsch, sondern schwedisch. Aus seinen späten Labornotaten ist zu ersehen, dass er sich eindeutig im Deutschen mehr zu Hause fühlte. Sein geschriebenes Schwedisch ist so lala, und sein Latein ist grauenhaft.

ASTRID ROSENQVIST

Egal, wie er schrieb. Erzählen Sie uns, was er schrieb.

SUNE KALLSTENIUS

Zuerst möchte ich Ihnen erzählen, was er tat ... in Schweden, nicht in Deutschland. Auf seinem Sterbebett heiratete er die Witwe des Mannes, dessen Apotheke er übernommen hatte.

ASTRID ROSENQVIST

(Wirft ostentativ einen Blick auf ihre Uhr)

Eine anrührende Geschichte. Aber ist sie relevant für uns?

ULF SVANHOLM

Der Retro-Nobel wird für ein Werk verliehen ... nicht für ein Privatleben.

SUNE KALLSTENIUS

Und was, wenn die beiden nicht zu trennen sind?

BENGT HJALMARSSON

Lavoisier hatte ein hochinteressantes Privatleben. Man hat ihn sogar um einen Kopf kürzer gemacht ... das aber hatte mit seiner Chemie nicht das Geringste zu tun. Er war Steuerbeamter ... sicher keine sehr beliebte Tätigkeit während der Französischen Revolution. *(Pause)* Aber hat denn Ihr Mann Scheele mit dieser Fru Pohl zusammengelebt?

SUNE KALLSTENIUS

Kommt darauf an, was man unter »zusammenleben« versteht. Die meiste Zeit lebten sie unter einem Dach, und Fru Pohl führte Scheele den Haushalt. *(Pause)* Aber teilten die beiden Tisch und Bett? Man hat von Scheele gesagt, »dass er niemals einen Körper berührte, ohne eine Entdeckung zu machen«. Doch waren diese Körper Chemikalien, keine Frauen. Meiner Meinung war Scheele sein Leben lang Junggeselle ... ein chemischer Mönch.

ULLA ZORN

Sehr klug bemerkt!

SUNE KALLSTENIUS

Frau Zorn ... Das klingt, als hätten Sie eine Antwort auf unsere Frage. Schließlich waren Sie es, die die Ehefrauen ins Spiel brachten.

ULLA ZORN

(Rasch, aber leise)

Ja.

SUNE KALLSTENIUS

Sie wissen also etwas? Und, haben die beiden oder haben sie nicht?

ULLA ZORN

Was das erste angeht: ja ... Was das zweite angeht: vielleicht.

BELEUCHTUNG *auf Komitee* DÄMPFEN

*(*ROSENQVIST, HJALMARSSON *und* SVANHOLM *erstarren, während* ZORN *und* KALLSTENIUS *auf der Bühne ihre Kostüme wechseln, um dann in den Vordergrund der Bühne zu kommen und diese zu queren.)*

*(*BELEUCHTUNG *auf* SCHEELE *und* FRU POHL, *die zur Anrichte geht, um hier das Mahlen von Kaffee zu mimen)*

FRU POHL

Carl Wilhelm ... es ist Zeit, dass du reinkommst. Es ist eiskalt in deinem Schuppen. Wenn du dir bloß ein richtiges Labor leisten könntest.

SCHEELE

(Stampft mit den Füßen)

Ich weiß, dass du dich um mich sorgst, Sara. Aber ich musste dieses Erz, das mir Bergman schickte, in Säure auflösen. Ich bin hinter einem neuen Metall her.

FRU POHL

Mein Sohn und ich haben schon gegessen. Dein Essen steht auf dem Tisch. *(Zögernd)* Und ein Brief liegt dabei ... aus Uppsala ... von deinem Drucker Swederus.

SCHEELE

Kein Buch?

FRU POHL

Er macht Versprechungen.

SCHEELE

(Aufgebracht)

Aber wann kommt er raus damit? Letztes Jahr habe ich es fertiggestellt. Er sitzt seit Monaten auf meinem Manuskript. Ich habe mich beschwert. Und wieder sind drei Monate vergangen, und meine Experimente mit Feuerluft setzen in dieser verdammten Druckerei Schimmel an.

FRU POHL

Hab Geduld, andere wissen um deine Arbeit.

SCHEELE

Ein paar Freunde ... hier in Schweden. Das Buch wird weit über unsere Grenzen hinaus wirken.

FRU POHL

Ich würde dir helfen, Carl Wilhelm. Wenn ich nur nicht so ungebildet wäre ...

SCHEELE

Deine Sorge um mich ist mir wichtiger. Ich muss jetzt diesen Brief beenden.

FRU POHL

An wen denn?

SCHEELE

An Monsieur Lavoisier, den französischen Chemiker. Er arbeitet mit Brennlinsen, Sara – so groß wie unser Haus.

FRU POHL

(Lacht)

Dein Monsieur Lavoisier will die Welt anzünden?

SCHEELE

Er bringt chemische Reaktionen zustande wie sonst keiner. In meinem Brief bitte ich ihn, meine Experimente zur Erzeugung von Feuerluft zu wiederholen.

FRU POHL

Und warum gerade ihn?

SCHEELE

Weil mein Gas neu ist. Weil die Welt von meiner Entdeckung am besten dadurch erfährt, dass einer der angesehensten Wissenschaftler mein Experiment wiederholt.

FRU POHL

(Zögernd)
Entschuldige meine Offenheit, Carl Wilhelm ... aber ... ist das dein größter Wunsch? Daß die Welt von dir wisse?

SCHEELE

(Überrascht)
Das hat mich noch keiner gefragt. *(Nachdenklich)* Ansehen ist wichtig –

FRU POHL

Du bist angesehen hier in Köping.

SCHEELE

Ich möchte mein eigener Herr sein, das ist alles. Und ich möchte genügend Geld verdienen ... um für dich und deinen Sohn sorgen zu können –

FRU POHL

Wir schaffen das schon.

SCHEELE

Weil du so bescheiden bist.

FRU POHL

Ich habe mich nie beklagt.

SCHEELE

Ich weiß ... Ich möchte genügend verdienen, um besseres Arbeitsmaterial zu kaufen, eine stärkere Brennlinse –

FRU POHL

Und einen Ofen für dein Labor! Carl Wilhelm ... ich mache mir Sorgen ... um deine Gesundheit.

SCHEELE

(Sichtlich bewegt, nimmt er ihre Hand, betrachtet plötzlich seine, dann ihre Hand)
Sieh doch mal! Der Kaffeegrieß ... wie er an deiner Hand klebt! Eine Art Magnetismus?

(BELEUCHTUNG DÄMPFEN.)

(SCHEELE und FRU POHL wechseln auf der Bühne ihre Kostüme, gesellen sich wieder zu den anderen Komiteemitgliedern)

ULLA ZORN

Sehen Sie? Er berührte tatsächlich einen Teil ihres Körpers und machte eine Entdeckung. *(Pause)* Vielleicht ein zwischenmenschlicher Magnetismus?

BENGT HJALMARSSON

(Erstaunt)

Wo haben Sie das ausgegraben?

ULLA ZORN

Scheele erwähnt diesen Vorfall in einem Brief an Johan Carl Wilcke, den damaligen Sekretär der Königlich-Schwedischen Akademie der Wissenschaften.

SUNE KALLSTENIUS

Aber wie sind Sie auf diesen Brief gestoßen?

ASTRID ROSENQVIST

(Unterbricht)

Davon später.

BENGT HJALMARSSON

Nein, Astrid! Nicht später! Jetzt!

ASTRID ROSENQVIST

Warum so dringend?

BENGT HJALMARSSON

Weil ich den Eindruck habe, dass Ihre Beschreibung dieses Jobs als »*amanuensis*« mit der entsprechenden Lexikondefinition nicht gerade viel zu tun hat. *(Wendet sich* ULLA ZORN *zu)* Woher haben Sie diese Perlen aus Scheeles Biographie?

ASTRID ROSENQVIST

Also gut, Ulla ... sagen Sie es ihm.

ULLA ZORN

Ich beende gerade meinen Doktor an der Lund Universität ...

SUNE KALLSTENIUS

Heutzutage haben die meisten Chemiestudenten keinen blassen Schimmer, wer Scheele war.

ULLA ZORN

Vielleicht liegt das weniger an den Studenten als an den Professoren.

ULF SVANHOLM

Touché.

BENGT HJALMARSSON

(Zu ULF SVANHOLM*, sarkastisch)*

Wie ich sehe, haben Sie Ihr Schulfranzösisch tatsächlich nicht vergessen.

(Zu ULLA ZORN*)*

Aber diesen Brief an Wilcke, in dem Scheele vom Kaffeemahlen spricht, zusammen mit seiner Freundin oder was immer sie war ... wie sind Sie auf diesen Brief gestoßen?

ULLA ZORN

Ihr Name war Sara Margaretha Pohl. Und was Sie »Perlen« nennen, fand ich auf dieselbe Weise, wie Sie es gefunden hätten – durch Forschung!

BENGT HJALMARSSON

(Ironisch)

Ich verstehe.

(Im Normalton wieder)

Nun denn, dann will ich Ihnen von meiner Forschung berichten ... Doch bevor ich Ihnen etwas über Lavoisier erzähle, den Chemiker, Bankier und Ökonom ... der von der Entlarvung des Mesmerismus bis zur Verschiffung von Schießpulver nach Amerika alles Mögliche betrieb ... hier einige Leckerbissen über Madame Lavoisier.

ULLA ZORN

Meine Güte! Ich hätte wirklich nicht gedacht, dass mein Kommentar zu den Ehefrauen eine derartige Wirkung auf dieses Komitee haben würde.

BENGT HJALMARSSON

Schmeicheln Sie sich nicht, Frau Zorn. Ich werfe meine Forschungsnetze immer weit hinaus.

ASTRID ROSENQVIST

Vor allem, wenn es um Frauen geht. *(Lacht)* Pardon ... das ist mir so herausgerutscht. Fahren Sie fort, Bengt ... erzählen Sie uns, was Ihnen ins Netz gegangen ist.

BENGT HJALMARSSON

Zu allererst – Madame Lavoisier war nicht nur seine Ehefrau ...

(Spöttisch zu ULLA ZORN*)*

... sie war seine *amanuensis* ... Natürlich nicht Vollzeit ...

ULLA ZORN

Ist ja auch keine sehr attraktive Vollzeitbeschäftigung ... für eine ehrgeizige Frau.

ASTRID ROSENQVIST

Alles ist möglich für eine ehrgeizige Frau ...

BENGT HJALMARSSON

Sie half ihm sogar im Labor ... Obwohl sie gerade mal 13 war, als sie Lavoisier heiratete ... ihren ersten Mann.

ULF SVANHOLM

Ihren ersten Mann? Wie viele Männer hatte sie denn?

BENGT HJALMARSSON

Ihr zweiter Mann war der Gründer des Englischen Gartens in München, Graf Rumford ... aber den, glaube ich, hätte sie lieber vergessen ... auch wenn er fast genauso berühmt war wie Lavoisier. Und Männer überhaupt? Wahrscheinlich eine ganze Menge ... sogar nach heutigen Maßstäben. Benjamin Franklin war ziemlich verknallt in sie. Aber Pierre Samuel Du Pont ...

SUNE KALLSTENIUS

Der amerikanische Du Pont? Der Chemiker-Millionär?

BENGT HJALMARSSON

Sein französischer Vater. Aber das ist eine andere Geschichte – eine Liebesgeschichte ...

(Greift nach einem Blatt Papier)

Du Pont schrieb Madame einen Brief vier Jahre nach Lavoisiers Tod ... nachdem ... ich zitiere, »wir uns nun zweiundzwanzig Jahre lang kennen,
davon siebzehn Jahre in innigster Vertrautheit.«

(Pause)

Mit anderen Worten: die beiden hatten eine Affäre ... mindestens dreizehn Jahre lang, während die

Lavoisiers immer noch verheiratet waren.

ASTRID ROSENQVIST

Eine äußerst moderne Ehe ...

BENGT HJALMARSSON

(Liest weiter, blickt dabei jedoch immer wieder ROSENQVIST *an, als seien die Worte für sie bestimmt)*

»Wenn Du fähig gewesen wärest, mich weiterhin zu lieben, hätte ich dieses Los geduldig auf mich genommen ...«

(Blickt von dem Brief auf, wendet sich direkt an Rosenqvist)

Das sagt Du Pont ... nicht ich.

(Nimmt wieder den Brief, fährt fort zu lesen)

» ... denn ein einziger Abend mit Dir zusammen am Kamin ... wäre Entschädigung gewesen für meine Augen wie für mein Herz ... Ich gehörte Dir, meine liebe junge Dame ...« Die junge Dame war damals bereits einundvierzig!

(Ein Handy klingelt, die Komiteemitglieder, irritiert, blicken um sich, vielleicht auch ins Publikum, als könnte das Klingeln von dort kommen)

ULLA ZORN

(Wühlt nervös in ihrer Handtasche, während das Handy immer weiterklingelt, möglicherweise mit einem unangenehmen Ton. Schließlich findet sie das Telefon und beginnt, hörbar allerdings, zu flüstern)

Hallo? *(Kurze Pause).* Nach Ithaca. *(Kurze Pause)* New York ... *(Kurze Pause)* Economy! *(Kurze Pause)* Drei Tage bloß ... höchstens vier. *(Kurze Pause)* Rufen Sie später an ... kann jetzt nicht.

(Legt das Handy beiseite. Sieht keineswegs schuldbewusst aus)

Tut mir leid ... ich wusste nicht, dass es an war.

(BELEUCHTUNG DÄMPFEN)

*(*BENGT *und* ULF *gehen auf die eine Bühnenseite,* ASTRID *und* ULLA *auf die andere.* SUNE *bleibt erstarrt auf seinem Stuhl sitzen. Spotlights auf die Gesichter von* BENGT *und* ULF*)*

BENGT HJALMARSSON
Dieser Anruf.

ULF SVANHOLM
Für mich wär' so ein Handy nichts.

BENGT HJALMARSSON
Noch so ein Indiz dafür, dass Sie alt werden. *(Lacht)* Warum fliegt sie nach Ithaca?

ULF SVANHOLM
Wahrscheinlich zu einem Freund ... an der Cornell University.

BENGT HJALMARSSON
Das bezweifle ich.

(GEGENSPOTS auf die Gesichter der Frauen.)

ULLA ZORN
Du bist mir doch nicht böse?

ASTRID ROSENQVIST
Nur etwas amüsiert.

ULLA ZORN
Da bin ich aber erleichtert.

ASTRID ROSENQVIST
Du setzt dich zu sehr in Szene.

ULLA ZORN
Bengt Hjalmarsson macht mich wütend.

ASTRID ROSENQVIST
Bengt ist ein komplizierter Mann.

ULLA ZORN
Das ist wohl ein Kompliment?

ASTRID ROSENQVIST
Nicht unbedingt ... nur eine experimentelle Beobachtung. Und vergiß nicht den Ansporn, den ein Theoretiker braucht, bevor er ein Experiment durchführt.

ULLA ZORN
Dann machst also auch du dir die Hände schmutzig?

SPOTLIGHTS AUS, *Komitee wieder* VOLL BELEUCHTET

ASTRID ROSENQVIST

Ulf ... wo wir schon bei den historischen Nachforschungen sind, was haben Sie über Priestley herausgefunden? Oder haben Sie Ihre Zeit ebenfalls auf Mrs. Priestley verwendet?

ULF SVANHOLM

Nein, das habe ich nicht. Priestley lebte zur richtigen Zeit im richtigen Land – England im 18. Jahrhundert war das Treibhaus der Chemie der Gase. Priestley war nicht nur chemischer Autodidakt, sondern auch Geistlicher. Er publizierte 50 Arbeiten über Theologie, 13 über Erziehung, 18 über politische, soziale und metaphysische Themen ...

BENGT HJALMARSSON

Ein Prediger, der in Chemie dilettiert ...

ULF SVANHOLM

(Hebt die Hand)

... und fünfzig Abhandlungen und nicht weniger als zwölf Bücher zu wissenschaftlichen Themen! Das können Sie kaum Dilettieren nennen, oder?

SUNE KALLSTENIUS

Aber was steht drin in den Büchern und Abhandlungen? Wir müssen uns mit Inhalten befassen ... mit Qualität ... nicht mit der Diarrhöe eines Autors!

ULF SVANHOLM

Na-na! Nur weil Scheele gerade mal ein einziges Buch zustande brachte ... nur weil dein Mann an Verstopfung litt ...

ASTRID ROSENQVIST

(Tadelnd)

Schluss jetzt ! Wie steht es mit der Chemie?

BENGT HJALMARSSON

Wusste Priestley, was er tat?

ULF SVANHOLM

Er unterzog Luft allen möglichen chemischen Prozessen ...

BENGT HJALMARSSON

Auf völlig wahllose Weise.

ULF SVANHOLM

(Zusehends verärgert)

Er lernte – Schritt um Schritt. Als Lavoisier seine »Lebensluft » erzeugte, benutzte er Priestleys Methode, oder etwa nicht? Es sind die Ergebnisse, die zählen. Und – im Gegensatz zu Scheele – war Priestley ehrgeizig genug, die Leute auch wissen zu lassen, was er entdeckt hatte.

SUNE KALLSTENIUS

Vielleicht hat der Ehrgeiz seine Urteilskraft getrübt.

ULF SVANHOLM

Was soll falsch sein am Ehrgeiz? Ehrgeiz ist wie der Webfehler in einem Perserteppich – erst dadurch wird das Stück wertvoll.

SUNE KALLSTENIUS

Soll das heißen, dass ein Teppich ohne Webfehler nicht genauso wertvoll ist?

ULF SVANHOLM

Tut mir leid, dass ich den Ehrgeiz aufs Tapet brachte ... oder die Teppiche. Vergessen wir das! Also denn ... Priestley sprach gern über seine Arbeit ... wahrscheinlich sogar mit seiner Frau.

(Ironisch)

Oder überrascht Sie das, Frau Zorn?

ULLA ZORN

Warum denn? Mrs. Priestley war gebildet ... sie schrieb wunderbare Briefe ... und sie war ihrem Mann eine wirkliche Gefährtin.

(BELEUCHTUNG *auf Komitee* DÄMPFEN)

(HJALMARSSON, ZORN und KALLSTENIUS erstarren, während ROSENQVIST und SVANHOLM auf der Bühne ihre Kostüme wechseln, um dann nach vorne zu kommen.)

(BELEUCHTUNG *auf* PRIESTLEY *und* MRS. PRIESTLEY)

MRS. PRIESTLEY
Und wie ist es dir ergangen in Paris?

PRIESTLEY
Ich habe mit Lord Shelburne Versailles besucht.

MRS. PRIESTLEY
Und hervorragend gespeist, nehme ich an.

PRIESTLEY
In der Tat – eines Abends bei Monsieur und Madame Lavoisier. Die meisten Naturphilosophen der Stadt waren dort. Ich erzählte ihnen von meinem neuen Gas, darin eine Kerze wesentlich besser brennt als in gewöhnlicher Luft.

MRS. PRIESTLEY
Ich wünschte, du hättest mich mitgenommen, Joseph.

PRIESTLEY
Ich wünschte, du wärst dabeigewesen. Ach, es war schwierig, Mary.

MRS. PRIESTLEY
Sie glaubten dir nicht?

PRIESTLEY
Wer weiß? Mein Französisch ist mangelhaft – ich hatte nur gewöhnliche Wörter parat, nicht die Fachausdrücke.

MRS. PRIESTLEY
Ich hätte für dich übersetzt.

PRIESTLEY
Du bist eine kluge Frau, Mary ... aber was ist mit den Kindern? Wie auch immer ... Madame Lavoisier fragte mich, wie ich dieses Gas erzeugt hätte.

MRS. PRIESTLEY

(Besorgt)

Du hast es ihr gesagt?

PRIESTLEY

Natürlich. Madame Lavoisier verstand. Sie erklärte es ihrem Gatten.

MRS. PRIESTLEY

Sie hilft ihm auch im Labor?

PRIESTLEY

Ja, das tut sie. Nach dem Essen zeigte sie uns Zeichnungen von ihren Apparaturen ... sie sind tausendmal besser als meine ... was, wie ich hoffe, Lord Shelburne bewegen wird, seine Geldbörse etwas weiter zu öffnen. Aber ihre Zeichnungen: sehr gekonnt ...

MRS. PRIESTLEY

Ich beneide sie. Ich habe selbst mal zeichnen gelernt ...

PRIESTLEY

Du hilfst auf andere Weise ... kümmerst dich um Haus und Familie ...

MRS. PRIESTLEY

(Seufzt)

Und ums Geld. Aber ich mache mir Sorgen um seine Quelle.

PRIESTLEY

Ich bin auf Lord Shelburnes Wohlwollen angewiesen ...

MRS. PRIESTLEY

Das er dir ohne Vorankündigung entziehen könnte.

(Zeigt nach einer Pause auf eine Zeitung)

Joseph ... hast du gehört wie Edmund Burke dich nannte? »Das wilde Gas, sobald die fixe Luft mal losgelassen«.

PRIESTLEY

(Lacht)

Zumindest hat er eines meiner Gase begriffen.

MRS. PRIESTLEY

Ich wünschte, du wärest vorsichtiger.

PRIESTLEY

Eine Veränderung steht bevor ... und wird alle Kräfte des Menschen aus den Ketten befreien, in denen sie bisher gefangen waren. Warum Angst haben? Und vor wem? Vor diesen Speichelleckern der Könige?

MRS. PRIESTLEY

Und dein Labor ... deine Arbeit ... unsere Kinder? Man hetzt in der Stadt gegen uns.

PRIESTLEY

Lass sie reden. Komm, ich zeig dir einen Brief – von Dr. Benjamin Franklin ... Seine Freundschaft wiegt alle Anfeindungen auf.

(BELEUCHTUNG DÄMPFEN)

(PRIESTLEY und MRS. PRIESTLEY wechseln auf der Bühne ihre Kostüme, dann gesellen sie sich zu den anderen Komiteemitgliedern)

(VOLLE BELEUCHTUNG)

ULF SVANHOLM

Ist das nicht verrückt? Priestley, dieser konservative Chemiker ... der unermüdlich das Phlogiston verteidigte ... war ein derartiger politischer und religiöser Revolutionär, dass der Mob sein Haus in Birmingham niederbrannte. *(Pause)* Drei Jahre später flüchtete er nach Amerika ... mit Benjamin Franklins Hilfe.

ASTRID ROSENQVIST

Können wir endlich zu Scheeles Brief kommen? Hat Lavoisier ihn erhalten? Hat er ihn gelesen?

BENGT HJALMARSSON

Bei Lavoisier selbst – kein Hinweis, das heißt keine Briefe, nichts, was man sich damals erzählt hätte, keine Dokumente ... zumindest in Frankreich – absolut nichts, was darauf hindeutet, dass er jemals eine schriftliche Mitteilung von Scheele erhalten hätte. Die Antwort lautet trotzdem ... *(Pause)* ... ja, er hat.

ASTRID ROSENQVIST

Er hat ihn bekommen? Er hat ihn gelesen?

BENGT HJALMARSSON

Beides – ja.

ULLA ZORN

Und der Beweis?

BENGT HJALMARSSON

Grimaux' Entdeckung.

ULLA ZORN

Du meine Güte! Ändert der Leopard da etwa seine Flecken?

BENGT HJALMARSSON

Könnten Sie diese zoologische Bemerkung freundlicherweise erläutern?

ULLA ZORN

Vielleicht hätte ich eine chemische Metapher wählen sollen: daß Quecksilber zu Gold wird oder genau umgekehrt, wie in diesem Fall. Ich dachte, Sie hätten nichts übrig für Leute, die ihr Mäntelchen nach dem Wind hängen.

BENGT HJALMARSSON

Da Grimaux Scheeles Brief 1890 fand, war ich bereit, eine Ausnahme zu machen. Schließlich *(grinsend an* ASTRID ROSENQVIST *gewandt)* bin ich dafür bekannt, mich bei anderer Gelegenheit durchaus flexibel zu zeigen.

ASTRID ROSENQVIST

(Lacht)

Das muß mir bis jetzt entgangen sein.

BENGT HJALMARSSON

Wie dem auch sei ... Es gibt nun mal diesen Brief, der über hundert Jahre lang versteckt zwischen Lavoisiers Papieren lag.

ASTRID ROSENQVIST

Sie haben ihn gesehen?

BENGT HJALMARSSON

(Wühlt in seiner Aktentasche)

Ja. Er liegt heute in den Archiven der Französischen Akademie der Wissenschaften.*(Triumphierend)* Ich habe einige Dias mitgebracht, als Belege. Hier die erste Seite:

(Projiziert Abb.1a und geht zur Leinwand, um auf den entscheidenden Satz zu deuten. Liest den Satz rasch auf Französisch)

»*Je ne désire rien avec tant d'ardeur que de vous pouvoir faire montrer ma reconnaissance.*« Nicht schlecht, was?

SUNE KALLSTENIUS

Hören Sie auf zu prahlen – übersetzen Sie!

BENGT HJALMARSSON

»Ich wünsche nichts glühender, als in der Lage zu sein, Ihnen meine Entdeckung zeigen zu können.«

SUNE KALLSTENIUS

(Grinsend)

So-so! Da schlägt sich also einer ins Scheele-Lager!

ULLA ZORN

Professor Hjalmarsson ... ich hoffe, Sie nehmen eine kleine Korrektur nicht übel.

BENGT HJALMARSSON

Was für eine Korrektur?

ULLA ZORN

»*Reconnaissance*« heißt »Dankbarkeit«, nicht »Entdeckung«. Scheele bedankt sich bei Lavoisier lediglich für ein Buch, das dieser ihm geschickt hatte.

BENGT HJALMARSSON

(Nun doch etwas verärgert, fängt sich aber gleich wieder)

Oh natürlich! Wie dumm von mir! Wo haben Sie denn Ihr Französisch gelernt?

ULLA ZORN

Ich hatte mal einen Freund ... er war Franzose.

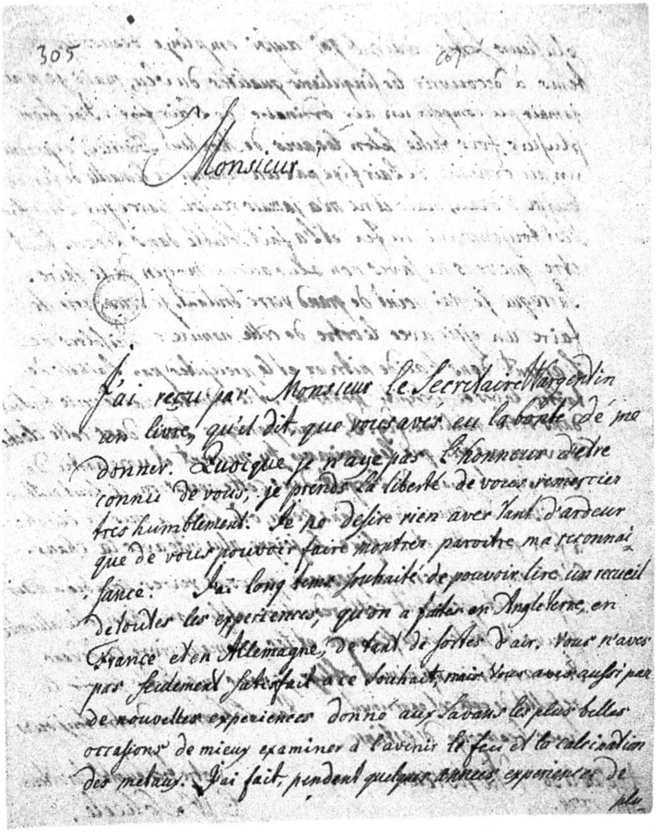

305

Monsieur

J'ai reçu par Monsieur le Secretaire Wargentin un livre, qu'il dit, que vous avez eu la bonté de me donner. Quoique je n'aye pas l'honneur d'etre connu de vous, je prends la liberté de vous remercier tres humblement. Je ne desire rien avec tant d'ardeur que de vous pouvoir faire montrer paroitre ma reconnaissance. J'ai long tems souhaité de pouvoir lire un recueil de toutes les experiences, qu'on a faites en Angleterre, en France et en Allemagne, de tant de sortes d'air. Vous n'avez pas seulement satisfait a ce souhait, mais vous avez aussi par de nouvelles experiences donné aux Savans les plus belles occasions de mieux examiner à l'avenir le feu et la calcination des metaux. J'ai fait, pendant quelques années, experiences de plu

Abb. 1a

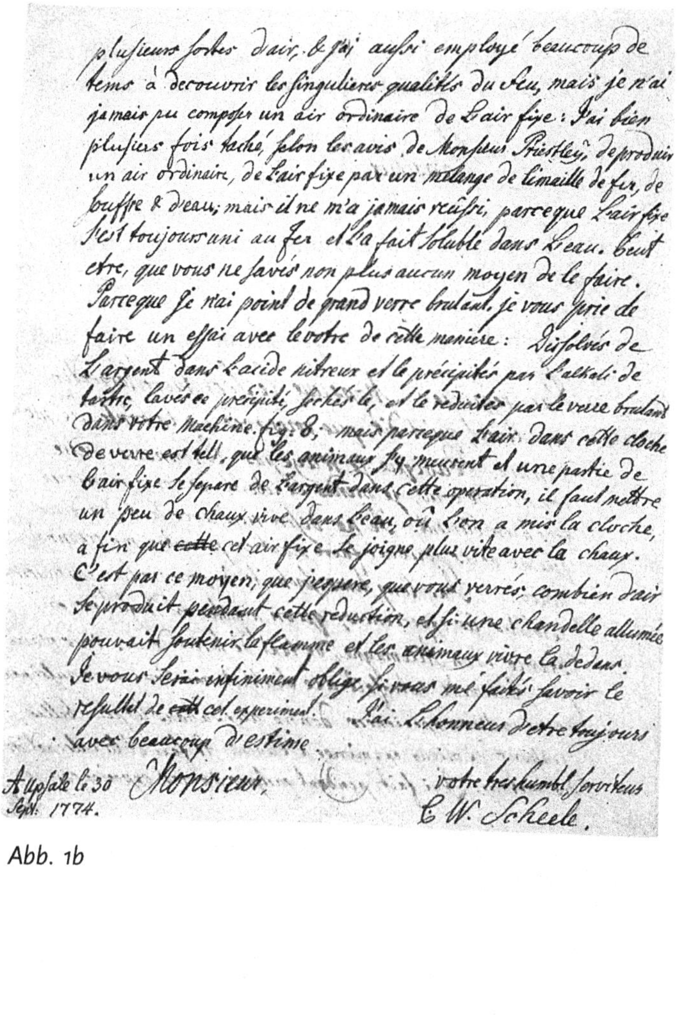

plusieurs sortes d'air, & j'ai aussi employé beaucoup de
tems à decouvrir les singulieres qualités du feu, mais je n'ai
jamais pu composer un air ordinaire de l'air fixe. J'ai bien
plusieurs fois taché, selon les avis de Monsieur Priestley, de produire
un air ordinaire, de l'air fixe par un melange de limaille de fer, de
souffre & d'eau; mais il ne m'a jamais reussi, parceque l'air fixe
s'est toujours uni au fer et l'a fait soluble dans l'eau. Peut
etre, que vous ne savés non plus aucun moyen de le faire.
Parceque je n'ai point de grand verre brulant, je vous prie de
faire un essai avec le votre de cette maniere: Dissolvés de
l'argent dans l'acide nitreux et le précipités par l'alkali de
tartre, lavés ce precipité, seches le, et le reduisés par le verre brulant
dans votre Machine. fig. 8, mais parceque l'air dans cette cloche
de verre est tell, que les animaux y meurent et une partie de
l'air fixe se separe de l'argent dans cette operation, il faut mettre
un peu de chaux vive dans l'eau, où l'on a mis la cloche,
afin que ~~cette~~ cet air fixe se joigne plus vite avec la chaux.
C'est par ce moyen, que j'espere, que vous verrés, combien d'air
se produit pendant cette reduction, et si une chandelle allumée
pouvait soutenir la flamme et les animaux vivre la dedans.
Je vous serai infiniment obligé si vous me faités savoir le
resultat de ~~cett~~ cet experiment. J'ai l'honneur d'etre toujours
avec beaucoup d'estime

A Upsale le 30 Sept. 1774. Monsieur, votre tres humbl. serviteur
C. W. Scheele.

Abb. 1b

BENGT HJALMARSSON

Ah, ja ... sicher die gründlichste Art, Französisch zu lernen ... Aber zurück zu dem Brief – hier das zweite Dia.

(Projiziert Abb. 1b)

SUNE KALLSTENIUS

(Springt auf, eilt zur Leinwand, deutet auf eine Zeile)

Da, das Datum: 30. September 1774. Und Scheeles Unterschrift.

ULLA ZORN

Was nicht beweist, dass Lavoisier besagten Brief auch gelesen hat.

(Alle sehen sie an, sind perplex)

BENGT HJALMARSSON

Wie kommen Sie darauf?

ULLA ZORN

Skepsis einer Historikerin.

BENGT HJALMARSSON

(Verblüfft, geht hinüber zu Zorn, um ihr ins Auge zu sehen)

Wovon, sagten Sie, handelt Ihre Doktorarbeit?

ULLA ZORN

Ich habe nichts dergleichen gesagt.

BENGT HJALMARSSON

Ein Staatsgeheimnis, das Sie nicht mit uns teilen wollen?

ULLA ZORN

Ganz und gar nicht. Sie haben mich nur nicht gefragt.

BENGT HJALMARSSON

Jetzt frage ich Sie.

ULLA ZORN

»Frauen im Leben einiger Chemiker des 18. Jahrhunderts.«

BENGT HJALMARSSON

Und warum haben Sie uns das nicht früher gesagt?

ULLA ZORN

Sie schienen keine sehr hohe Meinung von Historikern zu haben ... Vielleicht haben Sie das immer noch nicht.

ENDE SZENE 7

INTERMEZZO 4

(Stockholm 2001, unmittelbar nach Szene 7. Alle Komiteemitglieder, außer HJALMARSSON, *sind fort;* ZORN *sammelt ihre Papiere ein, schließt ihren Computer)*

BENGT HJALMARSSON

Nun, da alle gegangen sind, hoffe ich, dass Sie gegen eine Bemerkung nichts einzuwenden haben.

ULLA ZORN

Vorhin hat mich auch niemand gefragt ... eine mehr oder weniger ...

BENGT HJALMARSSON

Astrid meinte also, sie müsse Sie hier reinschmuggeln? Fühlen Sie sich nicht benutzt?

ULLA ZORN

Von Ihnen vielleicht. Nicht von Professor Rosenqvist.

BENGT HJALMARSSON

»Professor Rosenqvist«! Warum nennen Sie sie nicht Astrid?

ULLA ZORN

Tue ich gewöhnlich auch.

BENGT HJALMARSSON

Und warum nicht jetzt?

ULLA ZORN

Aus Respekt ... vor ihr. Ich mochte die Art nicht, wie Sie sie befragten ... über mein Hiersein.

BENGT HJALMARSSON

(Mustert sie, dann setzt er sich auf die Tischkante, ihr gegenüber)
Sie haben Recht ... ich war verärgert. Ich lasse mich ungern überrumpeln ... Natürlich haben Sie sich nicht wie eine mausgraue *amanuensis* benommen. *(Lacht)* Was für ein hochgestochenes Wort ... »amanuensis«.

ULLA ZORN

Endlich sind wir uns mal einig. Ich hasse dieses Wort. Genauso wie es mir nicht gefällt, als Sekretärin für das

Protokoll herhalten zu müssen ... auch wenn es das Protokoll eines Nobelkomitees ist.

BENGT HJALMARSSON

Das haben Sie klar erkennen lassen.

ULLA ZORN

(Sarkastisch)

Ich werde versuchen, mich zu bessern ... da Sie jetzt ja wissen, dass ich Historikerin bin. Stellen Sie sich mal vor, wie ich mich bei der ersten Sitzung fühlte, als Sie alle meinen Beruf diskreditiert haben –

BENGT HJALMARSSON

Wie hätten wir wissen sollen, dass eine Historikerin unter uns weilt?

ULLA ZORN

Auch dann hätten Sie sich nicht anders verhalten.

BENGT HJALMARSSON

(Lacht)

Wahrscheinlich nicht.

ULLA ZORN

(Nachdenklich)

Immerhin habe ich das Gefühl, dass sich etwas verändert hat.

BENGT HJALMARSSON

Ja?

ULLA ZORN

Jetzt denken Sie alle, Sie seien Experten in meinem Fach.

BENGT HJALMARSSON

Haben Sie uns deshalb diese historischen Leckerbissen serviert? Um uns zu zeigen, dass wir noch zu lernen hätten?

ULLA ZORN

(Wechselt das Thema)

Wenn ich so mitverfolge ... wie Sie ... ein jeder von Ihnen ... aufeinander loshacken ... wie es Ihnen nur darum geht, wer publiziert hat und wer nicht ...

BENGT HJALMARSSON

Dann sind Sie perplex.

ULLA ZORN

So habe ich mir Naturwissenschaft und Naturwissenschaftler nicht vorgestellt.

BENGT HJALMARSSON

Ja, glauben Sie, dass wir Käfer in einer Museumsvitrine sortieren?

ULLA ZORN

Ich dachte, der Kern jeder Wissenschaft sei die unverfälschte Neugierde. Und das sehe ich auch ... bei Scheele ... vielleicht auch bei Priestley. Bei Lavoisier habe ich bereits Mühe.

BENGT HJALMARSSON

Lavoisier ist Ihnen also zu penibel. Aber unterscheidet sich sein Interesse für genaue Gewichte denn in irgendeiner Weise von Ihrem Interesse an genauen Daten und Dokumenten?

ULLA ZORN

Ich spreche auch von Ihnen, von jedem von Ihnen ...

BENGT HJALMARSSON

Sie verwechseln Wissenschaft mit Wissenschaftlern.

ULLA ZORN

Wirklich?

BENGT HJALMARSSON

Wissenschaft ist ein System ... eine Suche, angespornt durch Wissbegierde ... eine Suche, immer basierend auf dem, was real ist ... Dieses System funktioniert ...

ULLA ZORN

Egal, wodurch die Leute, die Wissenschaft betreiben, motiviert sind?

BENGT HJALMARSSON

Wissenschaftler mögen hinter Priorität her sein ... hinter Macht ... hinter Geld ... Doch solange sie publizieren, Ulla, wird jemand ihre Arbeit überprüfen.

ULLA ZORN

Und wie oft geschieht das?

BENGT HJALMARSSON

Je interessanter die Entdeckung desto genauer die Überprüfung ...

ULLA ZORN

Aber auch nur, um den anderen zu widerlegen? Kein sehr edles Motiv.

BENGT HJALMARSSON

Das uns ehrlich erhält ... meistens zumindest. Es ist unwesentlich, ob Engel oder Teufel erforschen, wie die Welt funktioniert. Und genauso unwichtig ist es, ob diese Engel oder Teufel die Arbeit anderer anerkennen oder nicht ...

ULLA ZORN

Sie sind ganz schön zynisch.

BENGT HJALMARSSON

Das habe ich schon mal gehört ... von einer anderen Frau. Gleichzeitig weiß ich aber, dass es bei Wissenschaft nicht immer um Macht geht ... oder um Kontrolle ... oder auch nur um Fortschritt. Die Welt kann ein Spielplatz sein, voller Geheimnisse – ein Spielplatz, auf dem es die reinste Freude für mich ist, herauszufinden, weshalb das eine Molekül ringförmig, das andere fadenförmig ist ...

(HJALMARSSON *zeichnet mit seinen Händen die Ringform eines Moleküls nach)*

(ASTRID ROSENQVIST, *tritt auf, wird von* ZORN *und* HJALMARSSON *zunächst nicht bemerkt)*

ASTRID ROSENQVIST

(Leicht ironisch, aber doch gerührt)

Mit anderen Worten, auch Wissenschaftler können diese Freude empfinden ... wie Historiker?

BENGT HJALMARSSON

(Überrascht)

Astrid! Wo kommst du denn her?

ASTRID ROSENQVIST

(Bemerkt das Unbehagen der beiden, womöglich belauscht worden zu sein)

Ich habe meine Zigaretten vergessen.

(Deutet auf ihr Etui an ihrem Platz)

BENGT HJALMARSSON

Na gut ... bis bald ihr beiden ... ich muss ins Labor.

(Geht ab)

ASTRID ROSENQVIST

Na, Ulla ... was denkst du jetzt?

ULLA ZORN

(Etwas durcheinander)

Was meinst du?

ASTRID ROSENQVIST

Über Bengt.

ULLA ZORN

Wie du gesagt hast ... ein interessanter Mann.

ASTRID ROSENQVIST

Ich glaube, ich sagte »kompliziert«.

(Betrachtet nachdenklich ULLA ZORN*)*

Aber du hast Recht ... er ist auch interessant ... sogar heute noch.

ULLA ZORN

Verglichen mit wann?

ASTRID ROSENQVIST

Ich erzähle dir eine Geschichte über ihn. Du weisst, dass er am Pasteur-Institut gearbeitet hat. Dort lernte er eine junge französische Biologin kennen, die er mit nach Schweden brachte.

ULLA ZORN

(Äußerst neugierig)

Jetzt wird's interessant!

ASTRID ROSENQVIST

Sie lebten zusammen, doch die Frau hat unsere Novembernächte nicht vertragen. Deshalb kehrte sie nach Frankreich zurück. Seither hält er sich nur noch im Labor auf. Aber nachts spielt er Cello.

ULLA ZORN

Du magst Bengt also?

ASTRID ROSENQVIST

Du doch auch ... oder?

(BELEUCHTUNG LANGSAM AUS)

ENDE INTERMEZZO 7

SZENE 8

(Andeutung eines Königspalastes, eines Hoftheaters. In der Mitte oder im rechten Bühnenhintergrund ein schlichter Demonstrationstisch. Auf diesem Tisch werden tatsächliche oder Als-ob-Experimente durchgeführt; es können auch Projektionen verwendet werden, die auf einer Leinwand im Bühnenhintergrund gezeigt werden. Vorderbühne links drei Sessel für die Frauen.)

STIMME DES KÖNIGLICHEN HEROLDS

Eure Majestäten, verehrte Gäste! In ganz Europa liegt die Chemie der Gase in der Luft. Ein Disput ist entbrannt: Wer von diesen großen Gelehrten hat die unentbehrliche Lebensluft entdeckt? *(Pause)* Eine Goldmedaille ... mit dem Konterfei unseres Königs Gustav III ... wird geschlagen werden zu Ehren des wahren Entdeckers. Doch ist unser König auch in anderer Hinsicht berühmt für seine Freigebigkeit ...

PRIESTLEY

(Beiseite)

Indem er das Geld seiner Untertanen verschwendet ...

(Trompeten)

STIMME DES KÖNIGLICHEN HEROLDS

Möge das Urteil von Stockholm beginnen! Lassen wir die drei Gelehrten ihre eigenen Richter sein! Die Lebensluft! *(Pause)* Wer hat sie als erster erzeugt?

SCHEELE

(Ruhig, aber rasch)

Ich war es. Und nannte sie *eldsluft* ... ein gutes schwedisches Wort für Feuerluft.

PRIESTLEY

Aber ist das nicht das Gas, dem jegliches Phlogiston entzogen ist? Das Gas, das alle Dinge in Brand setzt? Aus diesem Grunde habe ich dieses Gas »dephlogistiert« genannt. *(Pause)* Und, mein lieber Scheele ... wie hätten wir von Ihrer Entdeckung erfahren sollen?

SCHEELE

Durch mein Buch, das im Begriff ist zu erscheinen ...

PRIESTLEY

Ich habe dieses Gas bereits 1774 erzeugt, indem ich *mercurius calcinatus* erhitzte und ...

(Pause, dann laut und nachdrücklich)

... diese Entdeckung noch im gleichen Jahr mitgeteilt!

(Wendet sich an SCHEELE*)*

Ich kenne keine Abhandlung aus Ihrer Feder ...

LAVOISIER

(Lächelnd)

Mes amis! Wer den Hasen aufstöbert, fängt ihn nicht immer.

SCHEELE

Wer mit der Jagd nicht anfängt, fängt auch keinen Hasen!

LAVOISIER

Es ist an uns zu entscheiden, wer zuerst die Essenz dieser Lebensluft, dieser *air vital* gefangensetzte ...

PRIESTLEY

(Sarkastisch)

Und was soll das heißen?

SCHEELE

Dass es wesentlich ist, herauszufinden, wer diese Luft als erster erzeugt hat ...

PRIESTLEY

... dass es die Entdeckung ist, die von der Nachwelt erinnert wird, nicht ihre flüchtige Deutung ...

LAVOISIER

(Wechselt das Thema)

Lassen Sie uns die Experimente durchführen, die wir in dieser Angelegenheit für wesentlich halten. Wer soll den Anfang machen?

SCHEELE

Monsieur Lavoisier, erweisen Sie mir die Ehre, das Experiment durchzuführen, das ich Ihnen vor drei Jahren in meinem Brief zur Kenntnis brachte –

LAVOISIER

Ich weiß von keinem Brief –

SCHEELE

(Zieht ein Blatt aus seinem Rock)

Dann will ich ihn vorlesen.

*(*BELEUCHTUNG DÄMPFEN; SPOTLIGHTS *auf die beiden Männer. Dies ist die erste von drei Experimentierszenen. Die Bühne dunkel, außer* SPOTLIGHTS *auf die Arbeitsplatte, auf den Mann, der das Experiment ausführt und auf den Mann, der ihn anleitet)*

SCHEELE

(Liest aus dem Brief in seiner Hand)

Lösen Sie Silber in Salpetersäure auf und präzipitieren Sie es mit Alkaliweinstein. Waschen Sie das Präzipitat, trocknen Sie es und reduzieren Sie es mittels einer Brennlinse ... Ein Gemisch aus zwei Gasen wird emittiert. Und reines Silber bleibt zurück.

LAVOISIER

Und dann?

*(*SPOTLIGHTS *auf die Männer, die weiterhin ihr Experiment mimen,* DÄMPFEN. SPOTLIGHTS *auf die Frauen)*

FRU POHL

Apotheker Scheele lud mich in seinen Schuppen ein, um mir das Experiment zu zeigen, mit dem er davor in Uppsala seine Feuerluft erzeugt hatte. Er ließ diese neugewonnene Luft durch eine Art Wasser sprudeln.

MME. LAVOISIER

Das muss Kalkwasser gewesen sein.

MRS. PRIESTLEY

Und es wurde trübe, dieses Wasser, nicht wahr?

FRU POHL

Woher wissen Sie das?

MRS. PRIESTLEY

Ich habe mir Josephs Vorlesungen über fixierte Luft angehört.

MME. LAVOISIER

Das gleiche Gas, das wir ausatmen ... entfernen wir, indem wir Luft durch Kalkwasser leiten.

FRU POHL

Dann bat er mich, in das verbliebene Gas ein Stäbchen hineinzustechen, das an dem einen Ende noch etwas glühte. Es war gegen Abend.

(Das Aufflammen des Stäbchens in dem Experiment der Männer koinzidiert mit der Beschreibung des gleichen Vorgangs durch Mrs. Priestley)

MRS. PRIESTLEY

Und es brannte mit hellster Flamme ... immer weiter!

FRU POHL

Wie können Sie das wissen?

MRS. PRIESTLEY

Weil mein Joseph genauso verfuhr.

MME. LAVOISIER

Wir alle verfuhren genauso.

(SPOTLIGHTS *auf die Frauen* AUS, *auf die Männer* AN)

SCHEELE

Ich machte dieses Experiment 1771 in einer Apotheke in Uppsala ... mit Apparaturen, die wesentlich bescheidener waren als das, was uns Seine Majestät hier zur Verfügung gestellt haben.

PRIESTLEY

Sie haben keinen Bericht darüber vorgelegt?

SCHEELE

Ich habe Professor Bergman davon erzählt ... ich dachte, er würde es weitererzählen.

PRIESTLEY

Sie machten Ihr Experiment mit einem Silbersalz.

SCHEELE

Ich gewann das Gas in den drei darauf folgenden Jahren auf unterschiedlichste Weise. Unter anderem mit Hilfe von rotem *mercurius calcinatus,* genau wie Sie.

LAVOISIER

Ja, mit dieser roten Quecksilberverbindung haben auch wir ... Dr. Priestley und ich ... dieses Gas erzeugt.

PRIESTLEY

Wir? *(Pause)* Wir waren nicht im selben Laboratorium, Monsieur Lavoisier! Bitte sagen Sie klar und deutlich, wer, was, wann getan hat. Ich habe dieses Gas als erster erzeugt ... und ich war allein. Und nun werde ich Ihnen zeigen, wie ich das zuwegebrachte. Mister Scheele, wollen Sie das Experiment ausführen?

SCHEELE

Es wird mir eine Ehre sein.

(Beide Männer gehen zum Demonstrationstisch; BELEUCHTUNG DÄMPFEN*)*

PRIESTLEY

Im August 1774 exponierte ich *mercurius calcinatus* ... die rote Kruste, die dann entsteht, wenn man Quecksilber in Luft erhitzt ... in meinem Labor dem Licht meiner Brennlinse. Erhitzt man das rote Pulver, wird ein Gas freigesetzt, während sich an den Wänden des Gefäßes dunkle Quecksilberperlen bilden. Das Gas gewinnen Sie dadurch, dass Sie es durch Wasser sprudeln lassen.

LAVOISIER

Aber wo bleibt Ihre Waage, Doktor Priestley? Soll das Gas nicht gewogen werden?

PRIESTLEY

Ein Zeitmesser genügt. Wir haben hier zwei Kammern ... in der einen gewöhnliche Luft ... in der anderen mein neues dephlogistiertes Gas. Und jetzt, Herr Scheele, nehmen Sie eine Maus ...

*(*BELEUCHTUNG *auf die Männer, die weiterhin ihr Experiment mimen,* DÄMPFEN. SPOTLIGHTS *auf die Frauen.)*

MRS. PRIESTLEY

Ich fragte ihn – warum Mäuse?

FRU POHL

Und?

MRS. PRIESTLEY

Mein guter Doktor sagte: Mäuse leben wie wir. Würdest du englische Kinder nehmen?

(Kurze Pause).

Dann setzte er eine Maus in ein Gefäß mit normaler Luft.

FRU POHL

Wo sie bald starb.

MRS. PRIESTLEY

Und woher wissen Sie das?

FRU POHL

Apotheker Scheele hat es mir vorgeführt.

MME. LAVOISIER

Eine bekannte Tatsache, die bereits von anderen Wissenschaftlern beschrieben wurde.

MRS. PRIESTLEY

Und dann setzte er die zweite Maus in ein Gefäß mit ...

FRU POHL

... Feuerluft ...

MRS. PRIESTLEY

... mit Josephs dephlogistiertem Gas ...

MME. LAVOISIER

Und das Tier lebte erheblich länger, nicht wahr? Deshalb haben wir dieses neue Gas als eminent atembar bezeichnet – als *air vital*, als Lebensluft.

FRU POHL

(Lacht)

Mit lebendigen Geschöpfen ist Carl Wilhelm manchmal das Ungeschick in Person. Oft ließ er sie einfach fallen! Aber wir auf dem Land kennen uns aus mit Mäusen. Wenn ich keine fing, dann eben die Katzen.

MRS. PRIESTLEY

Ich hasse Mäuse.

(BELEUCHTUNG von den Frauen auf die Männer.)

LAVOISIER

Zweifelsohne hat Doktor Priestley mit seiner Methode diese Lebensluft erzeugt. Aber –

PRIESTLEY

Aber, Monsieur?

LAVOISIER

Nun bin ich an der Reihe. Darf ich fortfahren?

SCHEELE / PRIESTLEY

Selbstverständlich.

LAVOISIER

Wie wir eben beobachtet haben, lebt eine Maus in diesem Gas, das wir alle erzeugt haben, um einiges länger. Doch am Ende, wenn die Luft erschöpft ist, stirbt auch diese Maus. Nun bin ich aber in meiner eigenen Arbeit wesentlich weiter gegangen als nur Mäuse beim Sterben zu beobachten. Eure Majestät, *messieurs-dames!* Dieses Gas ... das ich vorschlage, in Zukunft *oxygène* zu nennen –

PRIESTLEY

(Unterbricht)

Einspruch, Sir! Es ist einfach, einer Sache einen neuen Namen zu geben ... wenn Sie nicht wissen, was Sie haben! Bleiben Sie anschaulich, Sir! Warum nicht dephlogistiert –

LAVOISIER

(Unterbricht)

Ich kenne dieses Gas genauso gut wie Sie, Monsieur. »Oxy« ist Griechisch ... und bedeutet soviel wie herb oder sauer. Und da ich annehme, dass sich unser Gas in allen Säuren findet, bin ich durchaus anschaulich ...

PRIESTLEY

Anschaulich? Pah! Sie, Sir, sind ziemlich herb ... oder vielleicht auch sauer ... doch unsere dephlogistierte Luft ist keins von beidem.

LAVOISIER

Erlauben Sie mir fortzufahren. Dieses Gas ist das Kernstück jeglicher Chemie. Das habe ich nachgewiesen – an unserer Atmung, diesem wunderbaren Mechanismus des Körpers, der ein gegebenes Gewicht an *oxygène* ... in andere Gase und in Wasser verwandelt.

PRIESTLEY

Aber das liegt doch auf der Hand!

LAVOISIER

Nicht, so lange Sie nicht gewogen haben! Dazu aber *(Wendet sich direkt an* PRIESTLEY*)* ... ist ein Zeitmesser nicht ausreichend ... Da in dieser Welt nichts gewonnen wird oder verloren geht ... gleichgültig, ob in der Wirtschaft eines Landes oder bei einer chemischen Reaktion ... muss die chemische Bilanz des Lebens aufgestellt werden.

PRIESTLEY

Aha, der Bankier spricht ...

LAVOISIER

(Ignoriert PRIESTLEYS *Bemerkung)*
Ich habe aus Paris einen Gummianzug mitgebracht, den ich selbst entwickelte. Dieser nimmt alle Absonderungen des Körpers in sich auf ...
um zu zeigen, dass die Gleichung aufgeht. *(Pause)*
Doktor Priestley, sind Sie bereit, das Experiment auszuführen?

*(*BELEUCHTUNG *aus, nur noch* SPOTLIGHTS *auf* PRIESTLEY *und* LAVOISIER*)*

PRIESTLEY

Ich bin bereit ... sogar dazu, irgendwelche Dinge auf Ihrer Waage zu wiegen. Aber ... offenbar brauchen wir einen Freiwilligen ... Jemand muss sich diesen Panzeranzug ja anziehen.

(Blickt sich um, wendet sich an seine Frau)

Mary?

MRS. PRIESTLEY

(Widerstrebend)

Ich würde dir ja gerne helfen, Joseph, aber ich fürchte um mein Leben in diesem französischen Apparat.

PRIESTLEY

Du mußt keine Angst haben. Es ist alles rein wissenschaftlich.

MME. LAVOISIER

Ich mache es!

(Sie tritt entschlossen vor. Nimmt den »Gummianzug«, der an einen altmodischen Taucheranzug erinnert. SCHEELE *und* PRIESTLEY *helfen ihr, ihn anzulegen. Auf der Leinwand könnte Abb. 2, eine von* MME. LAVOISIERS *Zeichnungen des Experiments erscheinen)*

LAVOISIER

Sie dürfen nicht nur meine Gattin wiegen ... Sie müssen auch ihren Anzug wiegen. Das wird einige Stunden dauern.

MRS. PRIESTLEY

(Entsetzt)

Die arme Madame!

LAVOISIER

Quantitative Analyse ist eine harte Geliebte.

*(*BELEUCHTUNG *auf die Männer* DÄMPFEN, *Licht auf* MME. LAVOISIER *im Anzug und auf* MRS. PRIESTLEY *und* FRU POHL*)*

MRS. PRIESTLEY

Sie hat eine Zeichnung des Experiments ihres Mannes gemacht.

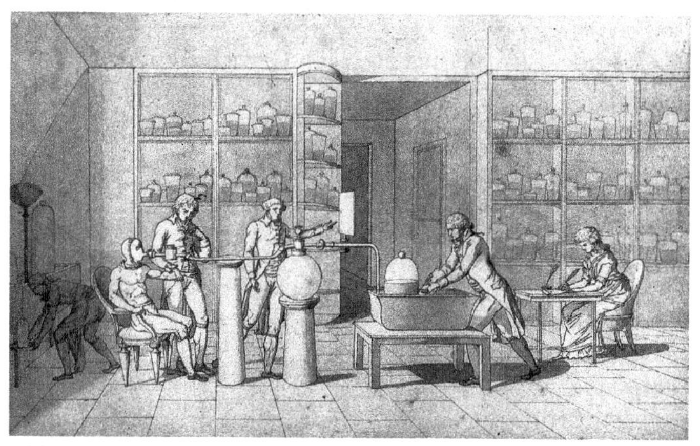

Abb. 2

(Projektion auf die Leinwand: eine von MME. LAVOISIERS *Zeichnungen (Abb. 2) des Experiments bis zum Ende dieser Unterhaltung)*

FRU POHL

Aber warum? Nur zu ihrem Vergnügen?

MRS. PRIESTLEY

Nein, als Dokument.

FRU POHL

Aber wofür ein »Dokument«?

MRS. PRIESTLEY

Um für andere festzuhalten, wie verfahren wurde.

FRU POHL

Und wann so verfahren wurde, möchte ich meinen.

*(*BELEUCHTUNG *auf die Männer)*

LAVOISIER

(Zu Priestley)

Ich hoffe, Sie haben sorgfältig gemessen ... die Fehlerquote darf nicht mehr betragen als 18 Gran auf 125 Pfund. Was haben Sie festgestellt?

PRIESTLEY

Mme. Lavoisier hat etwas an Gewicht verloren.

(MME. LAVOISIER wirkt erschöpft, lächelt aber)

Doch wenn wir das ausgeatmete Wasser berücksichtigen, geht die Gleichung, grob gesehen, tatsächlich auf.

(BELEUCHTUNG AN)

LAVOISIER

Nichts wird geschaffen ...

PRIESTLEY

Außer durch Gott.

LAVOISIER

Nichts geht verloren.

MME. LAVOISIER

Außer durch den Menschen. Vor allem, wenn man ihn als Versuchskaninchen benutzt.

LAVOISIER

(Der zur Sache kommt, auf den Scherz gar nicht eingeht)
Messieurs! Dieses entscheidende Gleichgewicht der Massen *(voller Emphase)* ... bringt die Seifenblase namens Phlogiston zum Platzen.

SCHEELE

Diese Tatsachen lassen sich sicher auch anders erklären.

PRIESTLEY

In der Tat, Sir ...
(Er fixiert LAVOISIER)
... dieses Experiment, das Sie uns so emsig ausführen ließen ... hat uns ... das will ich gerne einräumen ... eine Funktion Ihres ...
(Sarkastischen Tones)
»eminent atembaren Gases« vor Augen geführt.
(Pause) Doch haben Sie uns, Monsieur, nicht gezeigt, wie Sie dieses Gas gewonnen haben.

LAVOISIER

Ich wusste, dass mein Gas in gewöhnlicher Luft enthalten ist ... Habe ich nicht beobachtet, wie sich Metalle ... oder Schwefel ... oder auch Phosphor mit ihm verbinden?

PRIESTLEY

Was uns immer noch nicht erklärt, wie Sie dieses dephlogistierte Gas erzeugt haben ...

LAVOISIER

Hören Sie bitte auf, dieses Gas »dephlogistiert« zu nennen, Doktor Priestley. Diese Bezeichnung entstammt einer Theorie, die *passé* ist.

PRIESTLEY

Nicht für mich.

SCHEELE

Nicht für mich.

LAVOISIER

Warum sollte man dem Gas, um diesen Streit zu beenden, nicht einen neuen Namen geben?

PRIESTLEY

Wir sollen es *oxygène* nennen? Nur um uns der Tyrannei eines Begriffes zu beugen, den Sie erfunden haben?

LAVOISIER

(Ärgerlich)

Wenn eine Wissenschaft eine neue Struktur benötigt ... wenn, in der Tat, eine Revolution stattfinden muss, werden auch neue Begriffe nötig.

PRIESTLEY

Aber Sie wussten doch gar nicht, was das für ein Gas war!

LAVOISIER

Es musste ein einziges Gas geben, das die Prozesse des Rostens, Verbrennens und Atmens erklärt!

PRIESTLEY

(Hitzig)

Doch bis zu jenem Oktober-Diner in Paris, als ich Ihnen meine Beobachtungen mitteilte ... kannten Sie die Beschaffenheit dieses Gases nicht ...

SCHEELE

(Ungewöhnlich heftig)

Und bis zu jenem Oktobertag, als Sie meinen Brief bekamen, durch den Sie erfuhren, wie man diese Feuerluft erzeugt ...

(Sie argumentieren durcheinander bis zum Ende dieser Szene)

LAVOISIER

Ich habe meine Experimente mit *mercurius calcinatus* begonnen ...

PRIESTLEY

Aber erst als Sie wussten, was ich gefunden hatte ...

SCHEELE

Sie wussten nicht, wie man dieses Gas erzeugt ...

(Ein Stock wird mehrmals auf den Boden gestoßen)

STIMME DES KÖNIGLICHEN HEROLDS

Meine Herren! Meine Herren! Seine Majestät der König ist ungehalten. *(Pause)* Königliches Missvergnügen heißt das Urteil, das Ihnen heute zuteil wird!

ENDE SZENE 8

SZENE 9

(Stockholm, 1777. Abend nach der Herausforderung von Stockholm in Szene 8. Kahler Raum, sehr dunkel, drei Paare, kaum erkennbar – links hinten, Mitte vorne, rechts hinten.)

*(*SPOTLIGHT *auf* MRS. PRIESTLEY *und* PRIESTLEY. *Die beiden flüstern)*

MRS. PRIESTLEY
Wieso ihm die Stirn bieten?

PRIESTLEY
Ich muss.

MRS. PRIESTLEY
Um zu beweisen, dass er sein Wissen von dir hat?

PRIESTLEY
Um zu zeigen, dass ich Erster war.

MRS. PRIESTLEY
Und Scheele?

PRIESTLEY
Ihm vertraue ich.

MRS. PRIESTLEY
Er behauptet Erster zu sein.

PRIESTLEY
Er hat nicht publiziert.

MRS. PRIESTLEY
Und doch war er Erster?

PRIESTLEY
Vielleicht.

MRS. PRIESTLEY
Dann wärest du Zweiter.

PRIESTLEY
Und Lavoisier Dritter.

MRS. PRIESTLEY
Ist das der Punkt? Dass er Letzter war?

PRIESTLEY
In der Tat.

MRS. PRIESTLEY

Warum?

PRIESTLEY

Soll sich die Welt vor ihm verneigen? *(Pause)* Obwohl ich vor ihm war?

MRS. PRIESTLEY

Wenn du König Gustav wärst –

PRIESTLEY

Gott bewahre!

MRS. PRIESTLEY

(Beharrlich)

Trotzdem ... wenn du König wärst ... wen würdest du wählen?

PRIESTLEY

Ich würde mich fragen ... wen die Welt wählen würde.

MRS. PRIESTLEY

Joseph! Antworte mir ... als mein Mann ... nicht als kluger Geistlicher.

PRIESTLEY

Du wolltest immer schon eindeutige Antworten.

MRS. PRIESTLEY

Diese Frage verdient es.

PRIESTLEY

Etwas verdienen heißt nicht, es immer auch bekommen.

MRS. PRIESTLEY

Du bist hier nicht auf der Kanzel.

PRIESTLEY

(Müde)

Ich habe zuerst veröffentlicht ... also bin ich in den Augen der Welt Erster.

MRS. PRIESTLEY

Ich meinte das Herz ... nicht die Augen.

PRIESTLEY

Die Welt hat kein Herz.

MRS. PRIESTLEY

Aber du hast ein Herz ... du hast es mir häufig geöffnet.

PRIESTLEY

Du bist eine kluge Frau, Mary.

MRS. PRIESTLEY

Nein ... es ist deine dich liebende Ehefrau, die dich fragt.

PRIESTLEY

Bevor wir nach Stockholm kamen, war ich überzeugt ... mit Leib und Seele ... dass ich Erster war. *(Pause)* Aber jetzt?

MRS. PRIESTLEY

Ich verstehe, Joseph.

*(*SPOTLIGHT *auf* FRU POHL *und* SCHEELE. *Die beiden flüstern)*

FRU POHL

Wie willst du ihn überzeugen?

SCHEELE

Ich habe eine Abschrift des Briefes.

FRU POHL

Er kann behaupten, dass du ihn nie abgeschickt hast.

SCHEELE

Bergman hat den Brief gelesen.

FRU POHL

Das hatte ich vergessen.

SCHEELE

Er wird sich erinnern.

FRU POHL

Da ist diese Madame Lavoisier –

SCHEELE

Ja?

FRU POHL

Ich glaube, sie weiß etwas.

SCHEELE

Bist du sicher?

FRU POHL

Ich konnte es spüren.

SCHEELE

Die Sauna bringt's an den Tag.

FRU POHL

Aber hat sie es ihrem Gatten gesagt?

SCHEELE

Hättest du es gesagt?

FRU POHL

(Zögert)

Ja ... doch.

SCHEELE

Warum?

FRU POHL

Weil ... es richtig so wäre. Aber Mme. Lavoisier ...

SCHEELE

Ich traue ihr nicht.

FRU POHL

Aber traut er ihr?

*(*SPOTLIGHT *auf* MME. LAVOISIER *und* M. LAVOISIER. *Die beiden flüstern)*

MME. LAVOISIER

Sie wollen beide treffen?

LAVOISIER

Seine Majestät insistierte.

MME. LAVOISIER

Dieses Diner mit Priestley in Paris ... macht mir Sorgen.

LAVOISIER

Mir auch. Dafür gibt es Zeugen.

MME. LAVOISIER

Und der Brief?

LAVOISIER

Was für ein Brief?

MME. LAVOISIER
Scheeles Brief. Ich habe ihn gelesen ...

LAVOISIER
(Konsterniert)
Sie haben ihn gelesen?

MME. LAVOISIER
Aber ich konnte es Ihnen nicht sagen.

LAVOISIER
(Wütend)
Und warum tun Sie es jetzt?

MME. LAVOISIER
Ich fühle mich schuldig.

LAVOISIER
(Noch wütender)
Und ich soll Ihre Schuld teilen?

MME. LAVOISIER
Sie sind mein Gatte.

LAVOISIER
Wo ist der Brief?

MME. LAVOISIER
Versteckt.

LAVOISIER
(Ungläubig)
Sie haben ihn nicht vernichtet?

MME. LAVOISIER
Sie sehen so aufgebracht aus. Warum?

LAVOISIER
Darüber möchte ich nicht sprechen.

MME. LAVOISIER
Sie können es Ihrer Gattin nicht sagen?

LAVOISIER
Ich kann es niemandem sagen.

MME. LAVOISIER
Aber warum?

LAVOISIER
Einmal ausgesprochen, müsste ich den Gedanken verleugnen ... oder verdammen.

MME. LAVOISIER

Sie missbilligen also, was ich getan habe?

LAVOISIER

Sie sind noch jung.

MME. LAVOISIER

Warum die Jugend tadeln?

LAVOISIER

Feingefühl stellt sich erst mit Reife ein.

MME. LAVOISIER

Sie haben mich Chemie gelehrt ... lehren Sie mich jetzt Feingefühl..

LAVOISIER

Feingefühl lässt sich nicht lehren.

MME. LAVOISIER

Auch nicht erklären?

LAVOISIER

Wenn ich gewusst hätte, dass Scheele einen persönlichen Brief – und nicht etwa eine wissenschaftliche Abhandlung – wählen würde, um die Erstentdeckung für sich zu behaupten, ich hätte diesen Brief aus der Welt gewünscht.

MME. LAVOISIER

Eben! Und genau deshalb –

LAVOISIER

Warten Sie! Aber nicht zu wissen gewünscht, wie er verschwunden wäre.

MME. LAVOISIER

Wenn das Feingefühl ist ... dann verstehe ich es nicht.

LAVOISIER

Ein irrender Gedanke, wenn ausgesprochen, verwandelt sich in Unrecht.

MME. LAVOISIER

Jetzt spricht der Rechtsanwalt aus Ihnen ... eine Rolle, die ich noch nie mochte.

LAVOISIER

Niemand kann das Recht mögen ... schon gar nicht, wenn es sich mit Unrecht befasst.

MME. LAVOISIER

Ich bin die Schuldige ... ich habe es zugegeben ... und nur Ihnen gegenüber.

LAVOISIER

Belastet vom Wissen um die Tat, wie kann ich das Handeln meiner Gattin billigen?

MME. LAVOISIER

Selbst wenn aus Liebe getan ... für Sie?

LAVOISIER

Vor allem wenn aus Liebe getan ... denn dann muß ich auch Ihre Liebe zurückweisen.

(BLACKOUT Frauen gehen ab)

(SPOTLIGHT auf SCHEELE, LAVOISIER und PRIESTLEY)

SCHEELE

»Lösen Sie die Frage: Wer hat die Feuerluft als Erster erzeugt?« So lautete der Befehl Seiner Majestät.

LAVOISIER

Ist das tatsächlich die Frage?

PRIESTLEY

Natürlich. Und Sie, Monsieur Lavoisier ... haben dieses Gas nicht als Erster erzeugt ... wie Sie gestern in der Tat selbst einräumten.

LAVOISIER

Ich habe es als Erster verstanden ...

SCHEELE

Verständnis kommt erst nach der Existenz!

PRIESTLEY

Doch der Beweis solcher Existenz muss mitgeteilt werden!

SCHEELE

Ich habe ihn mitgeteilt! Hier ist der Brief ...

(Reicht ihn LAVOISIER, der ihn nicht entgegennimmt)

... abgesandt an Sie vor fast drei Jahren. Mit der Beschreibung einer Arbeit, die noch davor stattfand.

LAVOISIER

(Aggressiv, aber mit sorgfältig gewählten Worten)
Ich höre heute zum ersten Mal von diesem Brief ...

SCHEELE

Er beschreibt die Erzeugung von Feuerluft ...

LAVOISIER

Ein solcher Brief hat mich niemals erreicht.

SCHEELE

Ein Verfahren, das Sie uns allen heute vorführten.

LAVOISIER

Aber gewiss nicht vor Jahren, wie Sie jetzt behaupten.
(Ungeduldig)
Was ist der tatsächliche Zweck dieses Treffens?

PRIESTLEY

Herauszubekommen, wer Erster war! Im August 1774 erzeugte ich dieses dephlogistierte Gas ... Ihr sogenanntes *oxygène* ...

LAVOISIER

Damals glaubten Sie, Sie hätten Salpetergas, Monsieur.

PRIESTLEY

Die ersten Schritte bei einer Entdeckung sind häufig tastend.

LAVOISIER

Manche unter uns sind gründlicher als andere.

PRIESTLEY

Im Oktober jenes Jahres lernte ich die führenden Chemiker Frankreichs kennen. *(Pause)* Auch Sie waren zugegen, Sir.

LAVOISIER

In der Tat, Sie speisten in meinem Haus in Paris zu Abend.

PRIESTLEY

Ich erzählte den versammelten Gästen ...

LAVOISIER

... in Ihrem mangelhaften Französisch ...

PRIESTLEY

... das Madame Lavoisier vorzüglich verstand ... von meiner Entdeckung.

LAVOISIER

Ihrem Bericht ... mangelte es an Klarheit. Ihre Methoden waren ungenau ...

PRIESTLEY

Sir, Ihre Worte sind Ihrer unwürdig!

LAVOISIER

Wenn überhaupt, verehrter Doktor, haben Sie uns einige höchst unbedeutende Hinweise geliefert ...

PRIESTLEY

Ich dachte, Details seien wichtig für Sie, Sir?

LAVOISIER

Nur wenn sie relevant sind.

PRIESTLEY

Meine Experimente in der Chemie der Gase wurden mehr als einmal von Ihnen zitiert –

LAVOISIER

Ein Grund, sich zu beklagen?

PRIESTLEY

... aber nur um verwässert ... wenn nicht gar verdampft zu werden.

LAVOISIER

Und wie – wenn ich fragen darf?

PRIESTLEY

Sie schreiben

(Mit äußerstem Sarkasmus)

»Wir taten dies ... und wir fanden das.« Ihr Pluralis majestatis, Monsieur, löst meine Beiträge in nichts auf ... puff! ... in verdünnte Luft! *(Pause)* Wenn ich publiziere, sage ich: »Ich tat dies ... ich fand das ... ich beobachtete jenes.« Ich verstecke mich nicht hinter einem »wir».

LAVOISIER

Genug der Verallgemeinerungen ... *(Beiseite)* oder der Plattitüden. *(Lauter)* Was jetzt?

PRIESTLEY

Die Frage, Sir! Die Frage! Wer hat dieses Gas als erster erzeugt?

SCHEELE

(Wesentlich nachdrücklicher als zuvor, zum Publikum)

Ich war es. Und künftige Generationen werden das bestätigen.

PRIESTLEY

(Zum Publikum)

Bei der Gnade Gottes, auch ich habe dieses Gas erzeugt ... und als Erster publiziert!

LAVOISIER

(Zum Publikum)

Sie wussten nicht, was sie getan hatten ... wohin uns dieses *oxygène* führen würde.

(Die drei Männer argumentieren lauthals durcheinander, so dass ihre Worte unverständlich werden)

(IM OFF: *Ein Stock wird mehrmals auf den Boden gestoßen)*

STIMME DES KÖNIGLICHEN HEROLDS

Drei Gelehrte? Und trotzdem können Sie sich nicht einigen? So soll es denn sein. *(Pause)* Der König wird Sie nicht belohnen!

ENDE SZENE 9

INTERMEZZO 5

Unmittelbar nach Szene 9
(Stockholm, 1777, Sauna)

FRU POHL
Nun sehen wir uns also noch einmal, bevor Sie abreisen.

MRS. PRIESTLEY
(Spielt mit der Birkenrute in ihrer Hand)
Vielleicht die letzte Sauna in meinem Leben.

FRU POHL
Madame Lavoisier hat abgelehnt. Vielleicht hat sie heute etwas zu verbergen.

MRS. PRIESTLEY
Das Urteil von Stockholm hat ihr nicht gefallen. Doch wen kümmert es schon, ob der König entscheidet ... oder nicht?

FRU POHL
Herrn Scheele und mich kümmert es. Er ist unser König.

MRS. PRIESTLEY
Der wahre Lohn für Entdeckungen ist nicht von dieser Welt.

FRU POHL
Die Worte der Frau eines Geistlichen. Doch Apotheker Scheele sucht die Anerkennung von seinesgleichen.

MRS. PRIESTLEY
Er wird von ihnen geachtet.

FRU POHL
Auf seine stille Art wünscht er sich mehr. Außerdem ... brauchen wir in unserer Apotheke neue Regale ... Die Belohnung des Königs wäre nicht nur eine Medaille gewesen.

MRS. PRIESTLEY
Ihre Freunde werden sicherlich ...

FRU POHL

Werden sie? *(Wechselt das Thema)* Unsere Männer, die ja tatsächlich diese Feuerluft erzeugten ...

MRS. PRIESTLEY

(Versetzt FRU POHL *einen leichten Streich mit der Rute)*

... dieses dephlogistierte Gas, wenn Sie nichts dagegen haben.

FRU POHL

Sehen Sie? Wir sind wie sie. Nennen Sie es, wie Sie wollen ...

MRS. PRIESTLEY

Vielleicht sogar »*oxygène*«, wie der Franzose?

FRU POHL

Ja, vielleicht sogar *oxygène*. Wichtig ist doch nur ... dass sie sich darüber, wer dieses Gas als Erster erzeugte, nicht einigen konnten.

MRS. PRIESTLEY

Werden sie es je können?

FRU POHL

Das bezweifle ich. Sie haben ihre Chance verpasst.

MRS. PRIESTLEY

Es wird also ein Geheimnis bleiben?

FRU POHL

Oh nein. Die Welt will die Dinge einfach. Andere werden entscheiden.

ENDE INTERMEZZO 5

SZENE 10

(Stockholm, 2001; Königliche Akademie der Wissenschaften, zwei Wochen nach Szene 8. ULLA ZORN *hantiert, unbeachtet von den anderen, mit einer computergesteuerten Projektionsanlage)*

ASTRID ROSENQVIST

Es ist Zeit für einen förmlichen Antrag. Bengt ... wollen Sie anfangen?

BENGT HJALMARSSON

(Übertrieben förmlich)

Ich schlage hiermit vor, dass die Königlich-Schwedische Akademie der Wissenschaften den ersten Retro-Nobelpreis für Chemie dem Architekten der Chemischen Revolution verleihe – Antoine Laurent Lavoisier.

(Im Normalton wieder)

Ich hoffe, das war förmlich genug.

SUNE KALLSTENIUS

Meiner ist weniger förmlich – kurz und bündig: Ich schlage Carl Wilhelm Scheele vor – dafür, dass er als erster den Sauerstoff entdeckt hat. *(Pause)* Ein bescheidener Mann auch, weder süchtig nach Publicity noch von Eigennutz getrieben.

ULF SVANHOLM

Was sind schon ein paar Monate Zeitdifferenz unter Konkurrenten, die einander freundlich gesinnt waren? Wir haben es hier eindeutig mit einer Simultanentdeckung zu tun. Um die Sache auf den Punkt zu bringen: Ich schlage Scheele und Priestley vor. Basta! Und Lavoisier? Er mag den Preis verdienen – aber nicht für die Entdeckung des Sauerstoffs.

BENGT HJALMARSSON

Ich habe Lavoisier gewählt als den Vater der Chemischen Revolution ... die eindeutig auf die Entdeckung des Sauerstoffs zurückgeht! Lavoisiers moralische Schwächen liegen auf der Hand, das sehr wohl ... doch bewirkte er echte Veränderung, indem er das Augenmerk der Chemiker auf die Bilanz der Natur lenkte, in der nichts gewonnen wird und nichts verloren geht.

ULF SVANHOLM

Moralische Schwächen außer acht lassen?

BENGT HJALMARSSON

Wir hatten dieses Problem schon häufiger bei unseren regulären Nobelpreisen. Gute oder schlechte Wissenschaft lässt sich einfach nicht an guter oder schlechter Moral messen!

ULF SVANHOLM

Aber für den ersten Retro-Nobel – was für ein Präzedenzfall!

ASTRID ROSENQVIST

Bitte! Wir befassen uns heute mit den Nominierungen ... nicht mit den Gründen für diese Nominierungen.

BENGT HJALMARSSON

Und wen favorisiert Ihr, oh Vorsitzende? Bis jetzt habt Ihr Euch wie eine Sphinx verhalten.

ASTRID ROSENQVIST

Es gibt sieben Kombinationen aus den drei Namen: Die drei Männer, jeder für sich ... drei Paare ... oder alle zusammen. Und hier, auf den Tisch des Hauses, die attraktivste Option ... den ersten Retro-Nobelpreis der Chemie an alle drei zusammen zu verleihen. Doch die Begründung sollte dann die Chemische Revolution sein und nicht die Entdeckung des Sauerstoffs.

SUNE KALLSTENIUS

Lavoisier mit einschließen? Obwohl er unfähig war, die Arbeit anderer zu würdigen – weder, was ihm Priestley persönlich, noch, was ihm Scheele in seinem Brief anvertraute?

ULLA ZORN

Den Lavoisier nie zu Gesicht bekam.

SUNE KALLSTENIUS

Was? Frau Zorn ... was haben Sie gesagt?

ULLA ZORN

Ihre Arbeit ging mir nicht mehr aus dem Kopf ... denn immer wieder tauchten darin Frauen auf, die auch in meiner Doktorarbeit eine Rolle spielen. Deshalb flog ich kurz nach Ithaca, New York, um der Cornell University einen Besuch abzustatten.

BENGT HJALMARSSON

Ich kenne die Cornell-Lavoisier-Dokumente in- und auswendig. Was hätten Sie dort finden können?

ULLA ZORN

(Gelassen, aber triumphierend)

Ein Buch.

BENGT HJALMARSSON

(Sarkastisch)

Was für eine Überraschung – stößt auf ein Buch ... in einer Bibliothek!

ULLA ZORN

Ein Buch mit dem Titel »Histoire de Théâtre«.

SUNE KALLSTENIUS

Wie sollte uns dieses Buch weiterhelfen.

ULLA ZORN

Ich möchte Ihnen ein paar Dias zeigen.

(Sie drückt auf ihrem Computer einige Knöpfe)

Was ich fand, sah nur aus wie ein Buch.

(Abb. 3a auf der Leinwand, das erste Bild von dem geschlossenen Reisenécessaire, in den Händen einer Frau – das ganze Komitee ist konsterniert, nur Astrid Rosenqvist lächelt)

Das ist Madame Lavoisiers Reisenécessaire ... ein winziges Köfferchen ... eine Buchattrappe. Das meines Wissens von noch keinem Historiker erwähnt wurde. Ich habe dieses Nécessaire in einem Katalog für eine Versteigerung entdeckt, die 1956 unter dem Motto »Souvenir de Lavoisier« in Paris stattfand. Und später herausgefunden, daß die Cornell University dieses

Abb. 3a

Objekt im Jahr 1963 erworben hatte. *(Pause)* So entschloss ich mich, mir das mal anzusehen ...

ULF SVANHOLM

Intuition?

ULLA ZORN

(Scharf)

Warum nicht – Feldforschung einer Historikerin? Hier ist es – geöffnet.

Sehen Sie sich all die Fächer an ...

(Benutzt den Laserstrahl, um auf verschiedene Gegenstände zu zeigen)

... mit Nadel und Faden, Kämmen, Schreibfedern und Fläschchen für Parfüms und Tinte ...

Sogar ein Lineal, in eine Ritze gestopft, wie in einem Schweizer Armeemesser.

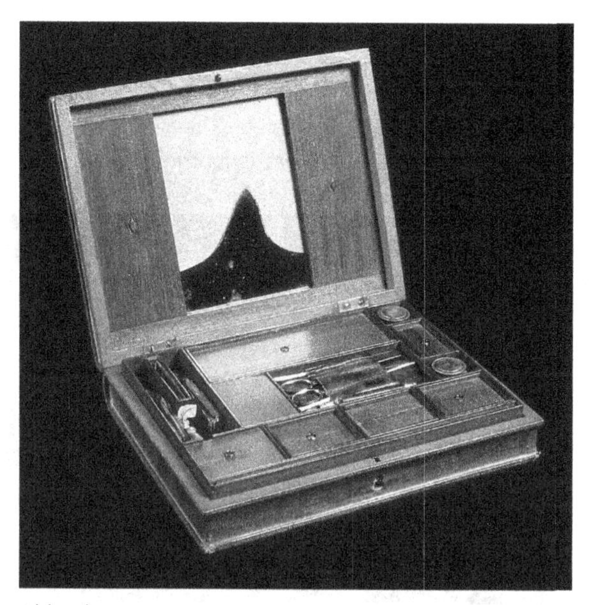

Abb. 3b

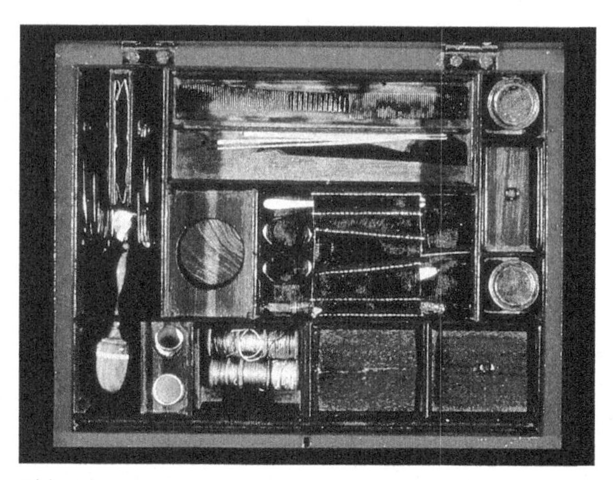

Abb. 3c

ULF SVANHOLM

Verdammt!

ULLA ZORN

(Freudig-erregt)

Wenn Sie den Einsatz herausnehmen ...

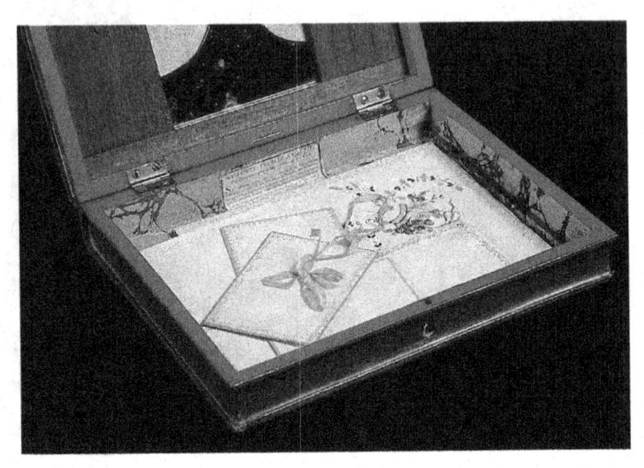

Abb. 3d

... entdecken Sie etwas Platz für Briefpapier. Ich prüfte die Wasserzeichen. Das Papier stammt aus der Zeit nach Madame Lavoisier ... ihre Nachkommen müssen das Nécessaire benutzt haben. Der zerbrochene Spiegel im Deckel des Köfferchens faszinierte mich ... Hinter dem Spiegel war ein Hohlraum. Wir stocherten vorsichtig darin herum; der Kurator genauso aufgeregt wie ich. Wir fischten ein Papier heraus. Das hier ...

(Schwenkt das Papier in der Luft)

SUNE KALLSTENIUS

Hören Sie auf, uns auf die Folter zu spannen! Was ist das?

ULLA ZORN

Ein Brief ... natürlich nur eine Fotokopie ... ein Brief, der offenbar niemals abgeschickt wurde. *(Pause)* Von Madame Lavoisier ... an ihren Mann.

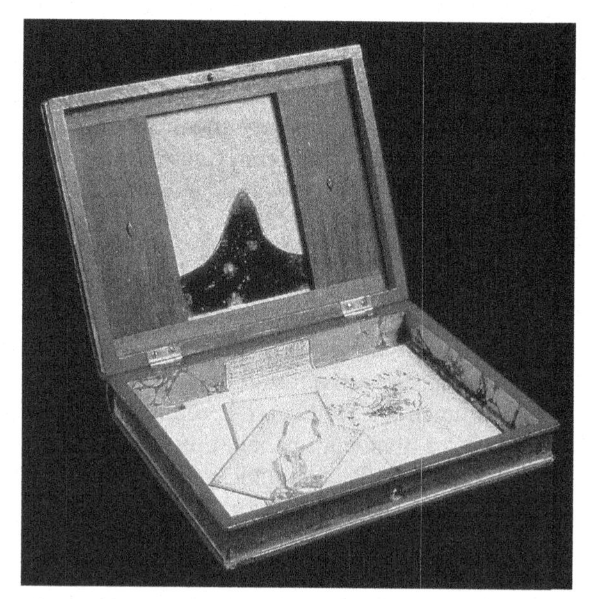

Abb. 4

ULF SVANHOLM

Und woher wissen Sie, dass er von Madame Lavoisier ist?

ULLA ZORN

Ein Cornell-Experte hat ihn untersucht.

BENGT HJALMARSSON

(Ungeduldig)

Was steht drin?

ULLA ZORN

Sie schreibt ...

*(*SCHEINWERFER *auf das erstarrte Komitee, mit Ausnahme von* ULLA ZORN, DÄMPFEN. SPOTLIGHT *auf* MME LAVOISIER *im Bühnenhintergrund)*

MME. LAVOISIER

Mein geliebter Gatte! In diesen schwierigen Zeiten, in dieser Trennung, die uns die Revolution auferlegt, denke ich über die Vergangenheit nach.
Immer wieder kehren meine Gedanken zu dem Brief des Apothekers Scheele von 1774 zurück ...

ULLA ZORN

Offensichtlich hat sie Scheeles berühmten Brief unterschlagen ... Wie Sie sich erinnern, erledigte sie einen Großteil von Lavoisiers Korrespondenz.

MME. LAVOISIER

Nun, da der Scharfsinn und die Genauigkeit Ihrer Forschungen die Welt von der zentralen Bedeutung des *oxygène* überzeugt haben, nun, da das Phlogiston im Abfalleimer für ausrangierte Theorien gelandet ist ... möchte ich nicht von Hartköpfen wie Doktor Priestley sprechen, der diesem Phlogiston immer noch sein Loblied singt, sondern *(Pause)* ich möchte Sie jetzt bitten, mir zu verzeihen. Ich konnte Ihnen den Brief des Apothekers nicht zeigen, mein geliebter Gatte, denn ich hätte Ihnen den Wind aus den Segeln genommen, Ihnen, der Sie so knapp davor standen ... Und ich nicht fähig war, ihn zu vernichten. Unsere Priorität als Entdecker basierte darauf, dass ich ihn versteckte.

*(*SPOTLIGHT *auf* MME. LAVOISIER *ausblenden)*

ULLA ZORN

Schauen Sie! Madame schreibt nicht »Ihre« ... sondern »unsere Priorität«. Sie legte den Brief ab, ohne ihn ihrem Mann zu zeigen. Oder, besser gesagt: sie verlegte ihn. Was einer der Gründe dafür sein dürfte, dass er erst hundert Jahre später wiederentdeckt wurde – durch Grimaux.

BENGT HJALMARSSON

Und Sie haben bis jetzt gewartet, um uns das zu erzählen?

ASTRID ROSENQVIST

Sie hat es mir erzählt –

BENGT HJALMARSSON

(Wütend)

Und warum nicht mir ... oder uns allen?

ASTRID ROSENQVIST

Ich dachte, dass Ulla das Recht hätte, ihre Entdeckung selbst mitzuteilen. Wenn jemand zu tadeln ist ... tadelt mich.

BENGT HJALMARSSON

Sie habe ich nicht gefragt!

(Wendet sich an ZORN*)*

Warum? Um uns zu zeigen, wie gewieft Sie sind?
(Sanfter) Ich hätte Ihnen das selbst gesagt ... wenn Sie die Freundlichkeit besessen hätten, mich als ersten zu informieren ... Schließlich war ich für Lavoisier zuständig!

ULLA ZORN

Ich wollte Ihnen nicht ins Gehege kommen.

BENGT HJALMARSSON

Was Sie nicht sagen!

ULLA ZORN

Ich wollte bloß helfen ...

BENGT HJALMARSSON

(Sanfter jetzt)

Aber warum der Brief in diesem Nécessaire? Warum wurde er niemals abgeschickt?

ULLA ZORN

Das habe ich mich auch gefragt.

BENGT HJALMARSSON

Und?

ULLA ZORN

Ich habe Ihnen noch nicht gesagt, wann Madame Lavoisier diesen Brief schrieb. Sie schrieb ihn kurz vor Weihnachten 1793, als Lavoisier bereits im Gefängnis saß: wenige Monate später wurde er hingerichtet.

BENGT HJALMARSSON

(Sanft)

Neunzehn Jahre nach Scheeles Brief.

ULLA ZORN

Offensichtlich grübelte sie weiter darüber nach. Und das in den schlimmsten Zeiten – ihr Mann sitzt im Gefängnis ... sie schreibt ihm ... kommt noch einmal auf das zurück, was sie vor Jahren getan hat. Doch als sie das tut, ist die Situation zu unsicher geworden, um den Brief abzuschicken.

*(*ULLA ZORN *lehnt sich zurück. Das Komitee – nachdenklich)*

BENGT HJALMARSSON

Den einen Brief konnte sie nicht absenden ... den anderen nicht verbrennen.

ENDE SZENE 10

INTERMEZZO 6

(Nach Szene 10)

(Völlige Dunkelheit. SPOTLIGHT *auf* MME. LAVOISIER *im äußersten Bühnenvordergrund links: sie hat einen Federkiel in der Hand, um einen Brief an* M. LAVOISIER *zu schreiben. Zweites* SPOTLIGHT *auf* M. LAVOISIER *im äußersten Bühnenvordergrund rechts. Jeder von den beiden im Selbstgespräch)*

MME. LAVOISIER

Mein geliebter Gatte ... Sie haben das Talent eines Mädchens erkannt ... Und es ... genau wie mein Vater ... nicht ausgelöscht.

LAVOISIER

Meine geliebte Gattin ... In der Einsamkeit dieser Zelle ... denke ich über unser gemeinsames Leben nach.

MME. LAVOISIER

Sie haben sich nicht gelangweilt, als ich in meines Vaters Haus Harfe für Sie spielte ...

LAVOISIER

Sie haben sich nicht gelangweilt, als ich über Geologie sprach ... über Chemie ...

MME. LAVOISIER

Als wir das »Glücksradspiel« spielten ... fragte ich mich, worauf der Pfeil deuten würde. Auf welches Wort? Auf »Klugheit« ...? »Kloster« ...? »Ehe« ...?

LAVOISIER

Ich hatte einen Magnet versteckt ... und lenkte den Pfeil auf *(Pause)* ...

MME. LAVOISIER

Oder vielleicht auf ...

LAVOISIER und MME. LAVOISIER

(Unisono)

»Liebe« ...

LAVOISIER

... ein Wort, das ich nie zuvor benutzt hatte. Und dann ehelichte ich Sie ...

MME. LAVOISIER

Aber ...

LAVOISIER

... damit Sie mir vertraute Gefährtin würden ...

MME. LAVOISIER

... ich hörte Sie niemals mehr »Liebe« sagen.

LAVOISIER

Ich hatte keine Zeit für Müßigkeiten ... sogar für Kinder nicht. Ich dachte, Sie verstünden ...

MME. LAVOISIER

Wissenschaft und öffentlicher Dienst waren Ihr *métier.* *(Pause)* Und dennoch ...

LAVOISIER

Ich glaubte immer, Sie seien zufrieden, und dennoch ...

MME. LAVOISIER

... fehlte etwas.

LAVOISIER

... gab es andere Männer.

MME. LAVOISIER

Das Wort, auf das Ihr Pfeil zeigte in meines Vaters Haus ...

LAVOISIER

Liebe? *(Pause)*

MME. LAVOISIER

... war, was ich vermisste.

LAVOISIER

Nein, ich habe Ihnen mehr geboten. Wahre Partnerschaft. *(Pause)* Kein anderer Mann konnte das ...

MME. LAVOISIER

Pierre Du Pont bot mir Liebe ... siebzehn Jahre lang. Gleichwohl ... *(Pause)* Ich wagte Ihnen nicht zu erklären ...

LAVOISIER

Im Gefängnis jetzt verstehe ich ...

MME. LAVOISIER

... was ich getan hatte.

LAVOISIER

... was ich versäumt hatte ...

MME. LAVOISIER

(Greift nach einem Blatt Papier)

Jetzt muss ich Ihnen schreiben ...

LAVOISIER

... das zu begreifen:

MME. LAVOISIER

... bevor es zu spät ist:

LAVOISIER

... dass Ehrgeiz ohne Liebe kalt ist.

MME. LAVOISIER

Ich habe niemals einen anderen Mann geliebt.

BLACKOUT

SZENE 11

(Stockholm, 2001, Sitzungsraum in der Akademie der Wissenschaften. SVANHOLM *sitzt, vor sich hinbrütend, am Tisch. Auftritt* KALLSTENIUS*)*

SUNE KALLSTENIUS

Das war eine recht gute Abhandlung, die du da kürzlich publiziert hast. Die über Polykarbonate.

ULF SVANHOLM

(Misstrauisch)

Recht gut?

SUNE KALLSTENIUS

Also denn ... verdammt gut.

ULF SVANHOLM

Klingt schon besser. Und warum dieses Kompliment?

SUNE KALLSTENIUS

Das ist kein Kompliment ... das ist eine faktische Feststellung.

ULF SVANHOLM

(Geschmeichelt)

Das meinst du wirklich? *(Kurze Pause)* Aber warum sagst du mir das jetzt?

SUNE KALLSTENIUS

Astrid hatte Recht ... »das Kriegsbeil begraben«.

ULF SVANHOLM

Hmm.

SUNE KALLSTENIUS

Nur ein »hmm«? Ulf ... du übertreibst mit deinem Groll.

ULF SVANHOLM

Ich?

SUNE KALLSTENIUS

Na gut ... na gut. Dann eben wir.

ULF SVANHOLM

Klingt schon besser.

SUNE KALLSTENIUS

Du hast mir ständig vorgeworfen, ich hätte deine Abhandlung zurückgehalten.

ULF SVANHOLM

Hast du ja auch! Sechs Monate lang!

SUNE KALLSTENIUS

Fang nicht schon wieder an!

ULF SVANHOLM

Das war erstklassige Forschung!

SUNE KALLSTENIUS

Meine Arbeit als Rezensent bestand darin, das Beweismaterial genau unter die Lupe zu nehmen. Auch bei Forschung erster Klasse ...

ULF SVANHOLM

Deine sogenannten »Verbesserungsvorschläge« haben es deinen Stanford-Freunden ermöglicht, uns auszustechen.

SUNE KALLSTENIUS

Ich wusste nichts von der Stanford-Arbeit.

(Versöhnlich)

Ulf, ich habe denen wirklich nichts weitergegeben. Du kannst mich nicht immerfort beschuldigen.

(Lange Pause, während sich die beiden Männer ansehen)

ULF SVANHOLM

Dann kann ich dir ja etwas gestehen.

SUNE KALLSTENIUS

Ein Geständnis ist nicht erforderlich.

ULF SVANHOLM

Ich habe Bengt von der Sache erzählt.

SUNE KALLSTENIUS

Und?

ULF SVANHOLM

Er hat deine Partei ergriffen ... Er meinte, du siehst zu ehrlich aus.

SUNE KALLSTENIUS

Und was hast du darauf geantwortet?

ULF SVANHOLM

Daß alle Wissenschaftler eine Maske tragen.

SUNE KALLSTENIUS

Wenn das so ist, dann solltest du deine zur Abwechslung einmal abnehmen ... und zwar jetzt.

ULF SVANHOLM

Das wäre zuviel verlangt ... und verfrüht.

SUNE KALLSTENIUS

Wie wäre es dann mit einem Händedruck?

(Streckt die Hand aus)

ULF SVANHOLM

(Ergreift die Hand von KALLSTENIUS*)* Abgemacht.

*(*ASTRID ROSENQVIST *tritt ein. Ist von dem Händedruck der Männer überrascht)*

ASTRID ROSENQVIST

Störe ich bei etwas Weltbewegendem? Ich hätte nicht gedacht, daß ich das je erleben würde.

(Beide Männer verlegen, lassen die Hände los)

SUNE KALLSTENIUS

Er ist zur Vernunft gekommen.

ULF SVANHOLM

Und er, zur Abwechslung, hat eine meiner Arbeiten gelobt.

ASTRID ROSENQVIST

Wenn Sie sich wirklich wieder vertragen, brauche ich gar nicht zu wissen, warum. Aber tun Sie mir einen Gefallen, bitte: Einigen Sie sich auf einen Kandidaten für den Retro-Nobel. Das macht das Leben einfacher für mich.

SUNE KALLSTENIUS

Sie wollen uns doch nicht über den Tisch ziehen?

ASTRID ROSENQVIST

Ich ... eine unschuldige theoretische Chemikerin?

SUNE KALLSTENIUS

Ja ... Sie. Sie drängen zur Einmütigkeit, wo wir eine harte Wahl treffen sollten: einen einzigen Gewinner nur.

Nehmen Sie den Nobel für Literatur – der wird niemals geteilt.

ASTRID ROSENQVIST

Aber das ist absurd! Das hieße Wassermelonen vergleichen mit ... *(sucht nach dem richtigen Wort)* ... mit Peanuts!

ULF SVANHOLM

Ich schätze, Literatur ist Peanuts.

SUNE KALLSTENIUS

(Wütend)

Ich meine das todernst.

ULF SVANHOLM

Ich auch. Sie lassen zwei grundlegende Unterschiede zwischen Literatur und Wissenschaft außer acht. Den Literati ist Priorität egal ... wenn sie einen Retro für Literatur hätten, würde er an Shakespeare, Dante oder Cervantes gehen ... an wen auch immer ... aber er würde nicht geteilt werden. Wenn Shakespeare nicht gelebt hätte, wäre »King Lear« niemals geschrieben worden. Ohne Dante gäbe es keine »Göttliche Komödie«. Ohne Cervantes –

SUNE KALLSTENIUS

Ulf, worauf willst du hinaus?

ULF SVANHOLM

Ganz einfach! Nimm unseren Sauerstoff. Wenn Scheele oder Priestley oder Lavoisier nicht gelebt hätten, Sauerstoff wäre trotzdem entdeckt worden. Das Gleiche mit Newton und der Schwerkraft, mit Mendel und den Vererbungsgesetzen ...

SUNE KALLSTENIUS

Warum dann überhaupt einen Nobelpreis in deiner Wassermelonendisziplin? Wenn alles so oder so passiert, warum sich überhaupt kümmern, wer erster ist?

ULF SVANHOLM

Weil Wissenschaft von Wissenschaftlern gemacht wird ... nicht von Maschinen ... und Wissenschaftler benötigen Anerkennung.

ASTRID ROSENQVIST

Wissenschaft wird von Menschen gemacht ... Menschen konkurrieren miteinander ... Wissenschaftler konkurrieren noch stärker ... und sie wollen dafür ausgezeichnet werden, dass sie erster sind..

SUNE KALLSTENIUS

Natürlich! Aber wir haben uns immer noch nicht geeinigt, was dieses »Erstersein« bedeutet – die ursprüngliche Entdeckung ... die erste Veröffentlichung ... oder das volle Verständnis?

*(*BENGT HJALMARSSON *und* ULLA ZORN *kommen im Verlauf dieser Diskussion herein, werden jedoch erst bemerkt, als sie zu sprechen beginnen)*

BENGT HJALMARSSON

(Ironisch)

Na, dann sehen wir doch mal, wohin Christoph Columbus zu segeln glaubte ...

ULF SVANHOLM

(Fährt HJALMARSSON *an)*

Wen interessiert das schon! Unsere Wikinger waren sowieso zuerst da ...

ULLA ZORN

Um Leute vorzufinden, die Tausende von Jahren früher gekommen waren ...

ENDE SZENE 11

SZENE 12

(Stockholm, 2001. Königliche Akademie der Wissenschaften, einige Minuten nach Szene 11. ASTRID ROSENQVIST *sitzt auf der Tischkante, das eine Bein verführerisch entblößt)*

BENGT HJALMARSSON

(Zeigt auf ihren geschlitzten Rock)
Du bist immer noch eine verdammt gut aussehende Frau, Astrid ...

ASTRID ROSENQVIST

Ich habe den Rock für dich angezogen.

BENGT HJALMARSSON

Na, das hat gewirkt ... eine kleine Auferstehung.

ASTRID ROSENQVIST

Genau das hast du gesagt, als wir uns kennen lernten ... lange ist's her.

BENGT HJALMARSSON

Die Chemie stimmte ... damals.

ASTRID ROSENQVIST

Wir waren entflammt, Bengt ... damals.

BENGT HJALMARSSON

Und wir setzten etwas frei ...

ASTRID ROSENQVIST

... wie Priestleys und Scheeles Phlogiston.

BENGT HJALMARSSON

Aber ...

ASTRID ROSENQVIST

»Aber?« ... Ein gefährliches Wort für ein Liebespaar.

BENGT HJALMARSSON

»Ex«, Astrid. Ex-Liebespaar.

ASTRID ROSENQVIST

Es war ein Irrtum ... sich nur darauf zu konzentrieren, etwas freizusetzen.

BENGT HJALMARSSON

Genau wie Priestley und Scheele..

ASTRID ROSENQVIST

Wenn Liebende für einander brennen, wird auch etwas gewonnen ...

BENGT HJALMARSSON

Wie Lavoisier sagte. Aber was haben wir dabei gewonnen?

ASTRID ROSENQVIST

Erkenntnis, würde ich sagen ... Wir haben einander erkannt.

BENGT HJALMARSSON

Wie biblisch!

ASTRID ROSENQVIST

Nur war es keine Schlange, die uns vom rechten Weg abirren ließ. Aber ein ehrgeiziger Mann hat immer Probleme ...

BENGT HJALMARSSON

... mit einer ehrgeizigen Frau – ja.

ASTRID ROSENQVIST

Sonst was Neues? *(Pause)* Wir waren klug. *(Sie spricht rascher)* Wir wollten sogar etwas tun *(Zeichnet zwei Anführungszeichen in die Luft)* »zum Wohle der Menschheit«.

BENGT HJALMARSSON

Und wir wollten, dass die Welt es erfährt.

ASTRID ROSENQVIST

Ja. Irgendwie dachte ich, dass der Retro-Nobel für die Toten ... sauberer wäre.

BENGT HJALMARSSON

Da hast du falsch gedacht.

ASTRID ROSENQVIST

Zumindest hat uns der Preis noch einmal zusammengeführt ...

BENGT HJALMARSSON

Als Vorsitzende ... hättest du jemand anderen berufen können.

ASTRID ROSENQVIST

Und du – warum hast du nicht abgelehnt?

BENGT HJALMARSSON

Aus dem gleichen Grund, aus dem du niemand anderen gewählt hast.

ASTRID ROSENQVIST

Aber ... warum bist du so reizbar während unserer Sitzungen?

BENGT HJALMARSSON

Und du – warum so herrschsüchtig?

ASTRID ROSENQVIST

Wir sollten lernen, Kompromisse zu schließen ...

BENGT HJALMARSSON

Dazu hatten wir beide kein Talent. Möglich, dass wir uns ändern?

(Im Hinausgehen kommt er an ihr vorbei, mit einer väterlichen, nicht-erotischen Geste – er kann sie auf die Stirn küssen. Und geht ab)

*(*ASTRID ROSENQVIST *geht langsam zum Tisch. Sie holt ihr Zigarettenetui heraus, betrachtet es kurz, entschließt sich, nicht zu rauchen und wirft das Etui an ihren Sitzplatz.* ULF SVANHOLM *stößt zu ihr.)*

ULF SVANHOLM

(Zeigt auf das Etui)

Hören Sie auf?

ASTRID ROSENQVIST

Noch nicht. Aber Ullas Entdeckung wirkt wie Nikotin. Ich bin froh, dass Lavoisier Scheeles Brief niemals zu Gesicht bekam.

ULF SVANHOLM

Ändert das etwas an den Tatsachen? Wir alle wissen, daß Lavoisier nicht der Erste war, der den Sauerstoff entdeckte!

ASTRID ROSENQVIST

Nur muss einer auch begreifen, was er entdeckt. Können Sie sich vorstellen, daß Ihr Mann Priestley noch im Jahr 1800 eine Abhandlung schrieb mit dem Titel »Die Doktrin des Phlogiston bewiesen und die von der Zusammensetzung des Wassers widerlegt«? *(Pause)* Mit anderen Worten: »Nieder mit H_2O!« und »Immer so weiter mit dem alten Hokuspokus!«

ULF SVANHOLM

Sie sind zu streng mit meinem Experimentator.

ASTRID ROSENQVIST

Was die Welt braucht, sind physikalische Chemiker wie Lavoisier oder ... besser noch ... Theoretiker.

ULF SVANHOLM

Wie Sie?

ASTRID ROSENQVIST

Die Frauen hätten schlechter abschneiden können ... obwohl wir alle wissen, welche Rolle sie in der Chemie jener Zeit spielten. Madame Lavoisier ist dem Ziel noch am nächsten gekommen.

(BELEUCHTUNG DÄMPFEN, *so dass sich das Komitee wieder versammeln kann)*

(BELEUCHTUNG AN)

ASTRID ROSENQVIST

Also, setzen wir uns und kommen wir zu einer Entscheidung.

(Alle begeben sich zum Konferenztisch, außer BENGT HJALMARSSON, *der zu* ULLA ZORN *geht und wartet, bis diese von ihrem Computer aufblickt.)*

BENGT HJALMARSSON

(Leise)

Ich möchte mich bei Ihnen entschuldigen ... wegen des Briefes von Madame Lavoisier. Ich war ziemlich grob ...

ULLA ZORN

(Erfreut)

Ich hätte zwar ein anderes Wort benutzt ... aber ... *(Pause)* danke..

BENGT HJALMARSSON

Darf ich Ihnen ein Kompliment machen?

ULLA ZORN

(Scherzhaft)

Glauben Sie, ich werde es verkraften?

BENGT HJALMARSSON

(Ernst)

Ich wünschte, ich hätte dieses Reisenécessaire entdeckt ...

ULLA ZORN

(Erfreut)

Das ist ein Kompliment!

BENGT HJALMARSSON

Ulla. *(Zögert, senkt die Stimme)* Darf ich Sie einladen –

ASTRID ROSENQVIST

(Die an den beiden vorbeigeht, das Gespräch mitbekommt)

Bengt! Die wichtigen Dinge zuerst! Würden Sie bitte zu uns stoßen?

(Zeigt auf den Konferenztisch)

BENGT HJALMARSSON

(Leicht ironisch)

»Wichtig« für die Vorsitzende oder für mich?

(ROSENQVIST *wartet, bis* HJALMARSSON *sich gesetzt hat)*

ASTRID ROSENQVIST

Wir sind vier Komiteemitglieder ... und wir haben vier Vorschläge: Lavoisier allein ... Scheele allein ... Priestley und Scheele ... und schließlich alle drei zusammen. Ich nehme an, dass jeder bei seinem ursprünglichen Vorschlag bleibt?

(Jeder nickt zustimmend)

Damit kommen wir nicht weit. Wir brauchen für die Akademie Übereinstimmung –

BENGT HJALMARSSON

Oder zumindest eine Mehrheit.

ASTRID ROSENQVIST

Übereinstimmung wäre bei weitem vorzuziehen ... zumindest für den ersten Retro-Nobel.

(Blickt um sich)

Also ... lassen Sie uns per Stimmzettel abstimmen –

ULF SVANHOLM

Wir haben in Nobel-Komitees noch nie mit Stimmzetteln abgestimmt.

ASTRID ROSENQVIST

Dieses Retro-Komitee ist ohne Präzedenz.

BENGT HJALMARSSON

Sie wollen, dass wir für unsere zweite Wahl stimmen? Und was, wenn wir keine zweite Wahl haben?

ASTRID ROSENQVIST

(Scharf)

Eigentlich sollten Sie ... besser als jeder andere in diesem Raum ... wissen, dass wir im Leben meistens bei der zweiten Wahl landen.

BENGT HJALMARSSON

(Ahmt spöttisch ihren Ton nach)

Eigentlich sollten Sie ... besser als jeder andere in diesem Raum ... wissen, daß man mich zu keiner Entscheidung zwingen kann.

ASTRID ROSENQVIST

(Ebenso spöttisch)

Was mich keinesfalls hindern wird, zu versuchen, Sie ... Sie alle ... zu einer Übereinstimmung zu bringen. Andernfalls wir der Akademie lediglich eine Empfehlung zukommen lassen können, mit der Feststellung, daß die Entdeckung des Sauerstoffs mit dem ersten Retro-Nobel ausgezeichnet werden soll, dass jedoch die Akademiemitglieder selbst entscheiden sollen, wer von den drei Kandidaten den Preis bekommt.

ULF SVANHOLM

Ich würde das einem Kompromiss vorziehen.

ASTRID ROSENQVIST

Ich nicht ... es wäre peinlich.

ULF SVANHOLM

Für die Vorsitzende?

ASTRID ROSENQVIST

Für uns alle. *(Pause)* Hören Sie! Es gibt eine Möglichkeit, unser Problem zu vereinfachen: Jeder von uns stimmt für ein Kandidatenpaar.

SUNE KALLSTENIUS

(Überrascht)

Und was soll diese Paarwahl bringen?

ULF SVANHOLM

Mit anderen Worten ... wir haben nur drei Optionen? Lavoisier-Scheele, Lavoisier-Priestley und Priestley-Scheele? Und keinen Einzelkandidaten?

ASTRID ROSENQVIST

Genau.

BENGT HJALMARSSON

(Abschätzig)

Brillant! Und wozu dieses ganze Exerzitium?

ASTRID ROSENQVIST

Mein ursprünglicher Vorschlag ... alle drei auszuzeichnen ... wäre natürlich die einfachste Lösung. Doch da er offenbar auf keine Gegenliebe stößt, zwingt die Paarwahl einen jeden zumindest dazu, über einen zweiten Kandidaten nachzudenken ... ohne freilich auf den ersten verzichten zu müssen.

*(*KALLSTENIUS *und* SVANHOLM *betrachten* ROSENQVIST. *Der eine zuckt die Achseln, der zweite nickt. Lange Pause)*

ASTRID ROSENQVIST

Bengt?

*(*HJALMARSSON *sieht sie an, sagt jedoch nichts, so dass* ROSENQUIST *aufsteht und zu ihm hingeht. Mit leiser Stimme)*

Wir beide wissen, was Lavoisier geleistet hat.

BENGT HJALMARSSON

Und?

ASTRID ROSENQVIST

Schmälern wir wirklich sein Ansehen, wenn wir ihm einen zweiten Mann an die Seite stellen? Vorher hast du gesagt, dass keiner von uns beiden gut im Kompromisseschließen ist. Jetzt können wir zeigen, dass du Unrecht hattest?

(HJALMARSSON zuckt die Achseln, dann nickt er zögernd und wendet sich ab. SVANHOLM neigt sich zu KALLSTENIUS)

ULF SVANHOLM

(Flüstert)

Hast du das gehört?

SUNE KALLSTENIUS

Und ob!

ULF SVANHOLM

Es steht also außer Zweifel – wenn für Lavoisier gestimmt wird, können Priestley oder Scheele den Preis nur mit ihm teilen.

SUNE KALLSTENIUS

Ich könnte damit leben ... solange Scheele der zweite ist.

ULF SVANHOLM

Und was, wenn nicht? Wenn ich für Lavoisier und Priestley stimme und die hier ebenfalls?

SUNE KALLSTENIUS

Ich würde protestieren!

ULF SVANHOLM

Das würde dir hübsch was helfen ... wenn die Stimmen einmal ausgezählt sind.

SUNE KALLSTENIUS

Also, was schlägst du vor?

ULF SVANHOLM

Wir stimmen beide für deinen Mann ... und für meinen Priestley.

SUNE KALLSTENIUS

Hmm.

ULF SVANHOLM

Was soll das heißen?

SUNE KALLSTENIUS

Daß ich es mir noch überlegen muß.

ULF SVANHOLM

Dann solltest du dich beeilen ... du hast nur noch knapp eine Minute Zeit.

ASTRID ROSENQVIST

(Zu ZORN*)*

Ulla ... würden Sie die Stimmzettel verteilen?

(Nachdem ZORN *die Stimmzettel* KALLSTENIUS *und* SVANHOLM *ausgehändigt hat, geht sie zu* HJALMARSSON, *doch* ROSENQVIST *tritt ihr in den Weg, nimmt ihr den Stimmzettel aus der Hand und überreicht ihn persönlich* HJALMARSSON*)*

(Äußerst sanft)

Bitte, Bengt ... bitte. Zwei Namen.

*(*HJALMARSSON *blickt sie an, nimmt den Zettel, erstarrt jedoch, als die schattenhafte Gestalt von* MME. LAVOISIER *auftaucht. Während sie spricht, nähert sie sich* HJALMARSSON, *bis sie ihn praktisch berührt)*

*(*HJALMARSSON *beginnt wie die anderen seinen Stimmzettel auszufüllen.* ULLA *sammelt die Zettel ein.* ASTRID *nimmt sie rasch an sich und zählt die Stimmen. Sie sieht ihre Kollegen an)*

ASTRID ROSENQVIST

Es könnte schlimmer sein ... sogar viel schlimmer.

SUNE KALLSTENIUS

Und wie lautet die Abstimmung?

ULF SVANHOLM

(Ungeduldig)

Nun sagen Sie es schon, Astrid. Wir sind hier nicht in Florida ... und es geht nicht um Bush oder Gore.

ASTRID ROSENQVIST

Das Ergebnis ist drei zu eins.

MME. LAVOISIER

Nichts wird gewonnen, nichts geht verloren.
(Pause) Dennoch, nichts ist einfach. Sicher nicht eine Welt in der mein Vater ...
(bewegt)
und mein Gatte am selben Tag unter der Guillotine starben.
Auch nicht das Brennen einer Kerze noch das Atmen einer Maus.
(Sie erlangt ihre Fassung wieder)
Mein Gatte hat verstanden, wie die Natur zu uns spricht; wie wir, statt von wilden Träumen verführt, ihren Regeln lauschen, ihrem Lied von Elementen und Gewichten.
(Pause)
Und die Nachwelt wird ihn dafür anerkennen.
(Pause)
Natürlich ... werden manche fragen: Wozu soll solche Anerkennung gut sein?
(Lächelt in sich hinein)
Viel Gutes wird unser oxygène bewirken ... Könige werden es sicher zu besteuern wissen.
(Pause, wieder ernst)
Doch nach dem Tod? Unsere Nachkommen werden dort weitermachen, wo der unbeholfene Apotheker ... und der priesterliche Chemiker ... und mein Gatte aufhörten.
(Pause)
Denken Sie doch, wie bedeutsam es ist zu begreifen, was dem Blatt seine grüne Farbe verleiht und wie es diese wechselt! Was eine Flamme zum Brennen bringt. Wie Fieber sinkt.
(Pause)
Stellen Sie es sich vor!

ENDE SZENE 12 / ENDE DES STÜCKES

DANKSAGUNGEN

Wir danken Lavinia Greenlaw, die in Szene 6 komplizierte Sachverhalte in Versform brachte, und Sabine Hübner, die diese Passage ins Deutsche übertrug. Wir bedanken uns beim Ithaca College Department of Theatre Arts und beim Kitchen Theatre dafür, dass sie eine erste Lesung von OXYGEN in Ithaca, NY veranstalteten; bei den PlayBrokers, dass sie eine szenische Lesung (unter der Regie von Ed Hastings) im ODC-Theater in San Francisco besorgten; bei Nicholas Kent, dass er im Tricycle Theatre in London eine szenische Lesung (unter der Regie von Erica Whyman) ermöglichte; und beim Department of Theatre, Film & Dance der Cornell University für eine kritische Lesung. Unser Dank gebührt auch Alan Drury (dem ehemaligen Dramaturgen der BBC-Hörspiel-Abteilung) und Edward M. Cohen (dem ehemaligen Associate Director des Jewish Repertory Theatre in Manhattan) für ihre dramaturgische Beratung; desgleichen Jean-Pierre Poirier (Paris) und Anders Lundgren (Uppsala) dafür, dass sie uns ihr historisches Wissen zur Verfügung stellten; und bedanken wollen wir uns auch bei David Corson, Laura Linke und den Bibliotheksangestellten der Cornell University, die uns unermüdlich und voller Begeisterung in die Lavoisier-Archive einführten.

Unerlässliche finanzielle Unterstützung wurde uns zuteil durch die Camille and Henry Dreyfus Foundation in New York und die Alafi Family Foundation in San Francisco – sie ermöglichten die Workshop-Produktion unseres Stückes im Mai 2000 am Eureka Theatre in San Francisco unter der Regie von Andrea Gordon.

Die amerikanische Premiere durch das San Diego Repertory Theatre wurde finanziell unterstützt durch die American Chemical Society, die Camille and Henry Dreyfus Foundation, die Alafi Family Foundation und DuPont Company, während Pfizer, the BOC Group und CIPLA Ltd. (durch Dr. Y. K. Hamied), Chiron Corporation Ltd. und insbesondere die Dow Chemical Foundation den Aufführungen der Royal Institution und späteren Aufführungen im Riverside Studios Theatre in London eine ähnliche Förderung zuteil werden ließen. Die deutsche Premiere im Würzburger Stadttheater wurde finanziell entscheidend gefördert durch AVENTIS, durch den Fonds der Chemischen Industrie, die Gesellschaft der Deutschen Chemiker und den Verlag Wiley-VCH. Als Bühnenschriftsteller wissen wir den finanziellen und psychologischen Wert solcher Philantropie sehr wohl zu schätzen, und so bedanken wir uns herzlichst bei den oben genannten und bei allen künftigen Förderern.

BIOGRAFISCHE SKIZZEN VON DEN AUTOREN

Carl Djerassi

Carl Djerassi, geboren in Wien, aufgewachsen in den USA, ist Schriftsteller und Professor für Chemie an der Stanford University. Verfasser von mehr als 1200 wissenschaftlichen Publikationen und sieben Monografien, zählt er zu den wenigen amerikanischen Wissenschaftlern, die nicht nur mit der National Medal of Science (1973 – für die erste Synthese eines steroiden oralen Verhütungsmittels, der »Pille«) sondern auch mit der National Medal of Technology (1991 – für die Entwicklung neuer Verfahren zur Insektenbekämpfung) ausgezeichnet wurden. Mitglied der US National Academy of Sciences und der American Academy of Arts and Sciences sowie zahlreicher Akademien außerhalb der USA, hat Djerassi 19 Ehrendoktorate und zahlreiche andere Auszeichnungen erhalten, darunter den ersten Wolf Prize für Chemie, den ersten Award for the Industrial Application of Science durch die National Academy of Sciences und die höchste Auszeichnung der American Chemical Society, die Priestley Medal.

In den letzten vierzehn Jahren hat sich Djerassi dem Schreiben zugewandt, vor allem dem Genre des »science-in-fiction« (»Wissenschaft-im-Roman«), mit dem Ziel, im Rahmen einer realistischen Prosa über die menschliche Seite von Wissenschaftlern zu erzählen, über ihre persönlichen Konflikte beim Streben nach neuer Erkenntnis, nach persönlicher Anerkennung und nach finanzieller Belohnung. Zusätzlich zu Romanen *(Cantors Dilemma; Das Bourbaki Gambit; Marx, verschieden; Menachems Same; NO)*, Kurzgeschichten *(Wie ich Coca-Cola schlug und andere Geschichten)* einer Autobiografie *(Die Mutter der Pille)* und seinen Memoiren *(This Man's Pill: Sex, die Kunst und Unsterblich-*

keit), hat er sich in letzter Zeit an eine Theater-Trilogiegemacht, die er auf seiner Website als »science-in-theatre« beschreibt. Das Theaterstück *An Immaculate Misconception*, erstaufgeführt in einer Kurzfassung beim Edinburgh Fringe Festival im Jahr 1998 und danach (im Jahr 1999) als vollständiger Zweiakter in London (New End Theatre), San Francisco (Eureka Theatre), sowie am Jugendstiltheater in Wien (unter dem Titel *Unbefleckt* und unter der Regie von Isabella Gregor) und weiter in schwedischen, bulgarischen und französischen Übersetzungen, befasst sich eingehend mit den ethischen Fragen, die durch die jüngst erzielten Fortschritte auf dem Gebiet der Behandlung von männlicher Unfruchtbarkeit durch Sperma-Einzel-Injektionen (die ICSI-Technik) aufgeworfen worden sind. Eine Hörspielfassung dieses Stückes wurde vom BBC World Service als »Play of the Week«, sowie auch vom WDR ausgestrahlt. Djerassi ist auch Gründer des Djerassi Resident Artists Program in der Nähe von Woodside, Kalifornien, das für Künstler aus den Bereichen Bildende Künste, Literatur, Choreografie, Schauspielkunst und Musik Wohn- und Atelierräume zur Verfügung stellt. Über tausend Künstler haben dieses Programm, seit es 1982 ins Leben gerufen wurde, durchlaufen.

(Es gibt eine Website über Carl Djerassis Schreiben unter http://www.djerassi.com)

Roald Hoffmann

Roald Hoffmann, geboren in Zloczow, Polen, aufgewachsen in den USA, ist Frank H.T. Rhodes Professor of Humane Letters an der Cornell University. Einer der hervorragendsten Chemiker Amerikas, wurde er mit dem Nobelpreis für Chemie ausgezeichnet. Mitglied der US National Academy of Sciences und der American Academy of Arts and Sciences sowie auch zahlreicher Akademien außerhalb der USA, hat Hoffmann 26 Ehrendoktorate verliehen bekommen, sowie zahlreiche andere Auszeichnungen, darunter die National

Medal of Science. Hoffmann ist der einzige, der jemals die Spitzenauszeichnungen der American Chemical Society in drei Disziplinen erhalten hat – in der organischen Chemie, in der anorganischen Chemie und im Bereich der Chemischen Ausbildung.

In den letzten fünfzehn Jahren hat sich auch Hoffmann der Schriftstellerei verschrieben. Er ist Autor von drei Gedichtbänden: *The Metamict State* (1987), *Gaps and Verges* (1990) und *Memory Effects* (1999). Auch ist er Verfasser von drei Sachbüchern, die sich mit dem großen Thema der kreativen und humanistischen Geistesfunken in der Chemie befassen: Eine Zusammenarbeit auf den Gebieten Kunst / Wissenschaft / Literatur mit der Künstlerin Vivian Torrence, bei der das Werk *Chemistry Imagined* (1993) entstand; dann: *Sein und Schein* (1995); und schließlich: *Old Wine, New Flasks: Reflections on Science and Jewish Tradition*, in Zusammenarbeit mit Shira Leibowitz Schmidt. Hoffmann gibt auch einen Fernsehkurs, »The World of Chemistry«, der von vielen PBS-Sendern, aber auch außerhalb der USA ausgestrahlt wird.